网络强国

学习辅导

中国网络空间研究院
《中国网信》杂志 编著

学习出版社

图书在版编目（CIP）数据

网络强国学习辅导 / 中国网络空间研究院，《中国网信》杂志编著. -- 北京：学习出版社，2023.12（2024.2 重印）

ISBN 978-7-5147-1239-1

Ⅰ. ①网… Ⅱ. ①中… ②中… Ⅲ. ①互联网络－发展－中国－学习参考资料 Ⅳ. ①TP393.4

中国国家版本馆CIP数据核字(2023)第215180号

网络强国学习辅导
WANGLUO QIANGGUO XUEXI FUDAO

中国网络空间研究院　《中国网信》杂志　编著

责任编辑：夏　静
技术编辑：刘　硕
书名题字：叶培贵

出版发行：学习出版社
　　　　　北京市崇外大街11号新成文化大厦B座11层（100062）
　　　　　010-66063020　010-66061634　010-66061646
网　　址：http://www.xuexiph.cn
经　　销：新华书店
印　　刷：北京联兴盛业印刷股份有限公司

开　　本：710毫米×1000毫米　1/16
印　　张：15.25
字　　数：139千字
版次印次：2023年12月第1版　2024年2月第2次印刷

书　　号：ISBN 978-7-5147-1239-1
定　　价：62.00元

如有印装错误请与本社联系调换，电话：010-67081356

前　言

　　党的十八大以来，以习近平同志为核心的党中央准确把握信息时代的"时"与"势"，紧密结合我国互联网发展治理实践，就网络安全和信息化工作提出一系列原创性新理念新思想新战略，系统回答了为什么要建设网络强国、怎么建设网络强国的一系列重大理论和实践问题，形成内涵丰富、科学系统的习近平总书记关于网络强国的重要思想，为做好新时代网络安全和信息化工作指明了前进方向、提供了根本遵循，引领我国网信事业取得历史性成就、发生历史性变革。

　　2023年7月，全国网络安全和信息化工作会议召开，习近平总书记对网络安全和信息化工作作出重要指示，充分肯定了党的十八大以来网信事业取得的重大成就，鲜明提出网信工作"举旗帜聚民心、防风险保安全、强治理惠民生、增动能促发展、谋合作图共赢"的使命任务，明确了"十个坚持"的重要原则，体现了对新时代网信工作规律的深刻把握，是习近平总书记关于网络强国的重要思想的重要组成部分和最新理论成果。

为深入贯彻落实全国宣传思想文化工作会议精神、全国网络安全和信息化工作会议精神，做好习近平总书记关于网络强国的重要思想的通俗化、大众化、普及化传播，推动广大干部群众深刻领会习近平总书记关于网络强国的重要思想的核心要义、精神实质、丰富内涵、实践要求，《中国网信》杂志汇集习近平总书记掌舵领航网信事业发展系列文章，编辑形成《网络强国学习辅导》一书，为广大干部群众理论学习提供参考。

中国网络空间研究院

《中国网信》杂志

2023 年 11 月

目录

Contents

东风浩荡红旗展

——关于网络强国的重要思想

大国之兴，必须牢牢把握时代的机遇。

大国之强，必须以科学思想指引方向。

一个民族伫立人类文明的高地，只有借助思想的伟力，才能更好把握自身所处方位，更加清晰眺望未来前进道路。

信息革命浪潮汹涌澎湃，数字化、网络化、智能化发展浩浩荡荡，中国正与信息时代相向而行、与数字变革同步发展，紧紧抓住可能稍纵即逝的重大历史契机，不断书写人类数字发展进步史上的光辉篇章。

党的十八大以来，以习近平同志为核心的党中央着眼全局、把握大势，主动顺应信息革命时代潮流，高度重视、全面布局、统筹推进网络安全和信息化工作，采取一系列战略性举措，推进一系列变革性实践，实现一系列突破性进展，取得一系列标志性成果，我国网信事业从夯基垒台到积厚成势，从发展起步到不断壮大，党对网信工作的领导全面加强，网络空间主流思想舆论巩固壮大，网络综合治理体系基本建成，网络安全保障体系和能力持续提升，网信领域科技自立自强步伐加快，信息化驱动引领作用有效发挥，网络空间法治化程度不断提高，网络空间国际话语权和影响力明显增强，网络强国建设迈出新步伐。

习近平总书记举旗定向、掌舵领航，从信息化发展大势和国内国际大局出发，提出了一系列具有开创性意义的新理念新思想新战略，系统回答了为什么要建设网络强国、怎样建设网络强国的一系列重大理论和实践问题，明确了事关网信事业发展的一系列方向性、根本性、全局性、战略性重大问题，形成了内涵丰富、科学系统的习近平总书记关于网络强国的重要思想。2023 年 7 月 14 日至 15 日，全国网络安全和信息化工作会议胜利召开，习近平总书记对网信工作作出重要指示，鲜明提出网络安全和信息化工作的使命任务，明确"十个坚持"的重要原则，对推动新时代网信事业高质量发展提出了重要要求，为阔步迈向网络强国新征程锚定了目标方向。

习近平总书记关于网络强国的重要思想，思想深刻、内涵丰富、体系完备、博大精深，植根于中华大地、来源于我国互联网发展治理实践，是信息时代的马克思主义，是马克思主义与中国实际、与中华民族优秀传统文化相结合的时代精华，是习近平新时代中国特色社会主义思想的重要组成部分，是我们党管网治网实践经验的理论总结和网信事业发展的行动指南，引领我国网信事业取得历史性成就、发生历史性变革，为促进全球互联网发展治理提供了中国方案、贡献了中国智慧，展现出耀眼的真理光芒和强大的实践力量。

高瞻远瞩、审时度势，深入推进信息化发展探索实践，为科学理论的孕育萌发提供源头活水

思想之始，如江河源头之涓涓；百川汇流，腾山越岭，方得大河滔滔。

习近平总书记对网络安全和信息化工作有着长期深入的思考和不断丰富深化的论述。早在 20 世纪 80 年代，时任河北正定县委书记的习近平同志就指出，科技是关键，信息是灵魂；强调要加强信息工作，成立信息中心，组织专业队伍，广辟信息渠道，形成耳聪目明的"蛛网型"信息网。

1984 年，正定县建立信息中心。同年，全县手摇电话升级为程控电话，举办了全省第一个县级"技术信息交易大会"，推出科技项目 1500 项。如今，正定县数字产业发展步伐不断加快，一大批数字经济产业项目落地推进，跻身河北省数字生态"十强县"。

2000 年，时任福建省省长的习近平同志着眼抢占信息化发展制高点，以跨世纪的战略视野作出"数字福建"建设重要决策。习近平同志亲自担任"数字福建"建设领导小组组长，擘画"数字福建"建设的宏伟蓝图，指导编制"数字福建"建设的第一个五年发展规划，组织开展"数字福建"关键技术攻关，

为"数字福建"建设打下坚实基础。

"数字福建"潮起东南。习近平同志当时提出的"数字化、网络化、可视化、智能化"的奋斗目标，开启了福建加快推进信息化建设的进程，成为今天数字中国建设的思想源头和实践起点。

2003年，时任浙江省委书记的习近平同志指出，要坚持以信息化带动工业化，以工业化促进信息化，加快建设"数字浙江"，强调"干在实处、走在前列"，制定并实施"八八战略"，加快推进创新型省份和科技强省建设，打造"百亿信息化建设"工程。

"数字浙江"大潮澎湃。如今，在"八八战略""数字浙江"等指引下，一大批数字企业迅速崛起，2022年浙江省数字经济核心产业增加值占GDP比重达11.6%，浙江成为数字经济大省、网络强省。

2007年，时任上海市委书记的习近平同志指出，要确保网络的安全运营；继续完善信息基础设施服务功能，不断提高城市信息化水平；积极利用、大力发展、科学管理互联网等新兴媒体，加强网络文化建设，使新兴媒体成为传播先进文化的重要阵地。

水有源，故其流不穷；木有根，故其生不穷。

从黄土高原到冀中平原，从八闽大地到东海之滨，从地方到中央，习近平同志始终站立时代潮头，敏锐把握激荡时代变革的浪潮。习近平总书记关于网络强国的重要思想，是在信息时代气象万千的发展变革中逐渐孕育、萌发的，是在中华大地蒸腾而起的，是在广阔实践中不断丰富、成熟的，是习近平总书记在党的十八大后领导和推进网络安全和信息化工作实践中发展、形成的，为我国阔步迈向网络强国注入强大思想动力。

举旗定向、擘画蓝图，吹响网络强国建设的时代号角，指引网信事业取得历史性成就、发生历史性变革

当前，以互联网为代表的新一轮科技革命和产业变革方兴未艾、日新月异，对政治、经济、文化、社会、军事等各领域产生深刻影响，在更广范围、更高层次、更深程度上提升了人类认识世界、改造世界的能力。习近平总书记以"四个前所未有"深刻阐述了互联网发展的重大影响和作用："互联网发展给生产力和生产关系带来的变革是前所未有的，给世界政治经济格局带来的深刻调整是前所未有的，给国家主权和国家安全带来的冲击是前所未有的，给不同文化和价值观念交流交融交锋产生的影响也是前所未有的。"

立足中华民族伟大复兴战略全局、世界百年未有之大变局

与信息革命时代潮流发生历史性交汇这一时代方位，习近平总书记以高度历史自觉和强烈忧患意识，从党长期执政和国家发展高度，鲜明提出"过不了互联网这一关，就过不了长期执政这一关"这一重要论断，强调必须"使互联网这个最大变量变成事业发展的最大增量"。

党的十八大以来，以习近平同志为核心的党中央从进行伟大斗争、建设伟大工程、推进伟大事业、实现伟大梦想的全局和战略高度出发，高度重视互联网、大力发展互联网、积极运用互联网、有效治理互联网，决策成立中央网络安全和信息化领导小组（后改为中央网络安全和信息化委员会），统筹协调各领域网络安全和信息化重大问题，推动我国网信事业取得历史性成就、发生历史性变革，走出一条中国特色治网之道。习近平总书记在国内国际一系列重大场合、重要会议，多次就网络内容建设与管理、网络安全、信息化和网络空间国际交流合作等作出深刻阐述。

2014年，中央网络安全和信息化领导小组第一次会议召开，习近平总书记首次提出"努力把我国建设成为网络强国"的战略目标，就网络安全和信息化工作提出一系列重大论断、作出一系列重要部署，坚定而清晰地描绘出中国网信事业未来发展方向。在以习近平同志为核心的党中央坚强领导下，网络强国的宏伟蓝图徐徐铺展。

2016 年 4 月 19 日，网络安全和信息化工作座谈会召开。习近平总书记在会上发表重要讲话，深刻阐述了关乎网信事业发展的一系列重大问题。

"网信事业代表着新的生产力、新的发展方向"，这是对"科学技术是第一生产力"这一重要论断的最新阐发。

"通过网络走群众路线"，这是将党的群众路线在网络空间加以运用发展，为党的这个"传家宝"插上了互联网的翅膀。

"尽快在核心技术上取得突破"，防患未然，未雨绸缪，对于核心技术"卡脖子"等重要问题、重大风险进行了前瞻性分析和部署。

"安全和发展要同步推进""树立正确的网络安全观"，运用马克思主义立场观点方法对安全和发展的辩证统一关系进行深刻分析，提出了新的网络安全观。

"让企业持续健康发展，既是企业家奋斗的目标，也是国家发展的需要"，习近平总书记对于网信企业健康发展殷切期待、寄予厚望。

"网络空间天朗气清、生态良好，符合人民利益。""天朗气清"，出自东晋王羲之的《兰亭集序》。4 月的北京，恰逢暮春。习近平总书记娓娓道来，如春风浩荡，讲话全文公开发表后，在社会各界引起强烈反响，极大统一了全党全社会对如何建设清朗网络空间、如何更好推动我国互联网发展等一系列重大问题的认识。

2016 年 10 月 9 日，十八届中共中央政治局进行第三十六次集体学习，其主题就是实施网络强国战略。习近平总书记明确提出要努力做到"六个加快"：加快推进网络信息技术自主创新，加快数字经济对经济发展的推动，加快提高网络管理水平，加快增强网络空间安全防御能力，加快用网络信息技术推进社会治理，加快提升我国对网络空间的国际话语权和规则制定权，朝着建设网络强国目标不懈努力。这次集体学习进一步丰富了网络强国建设的深刻内涵，建设网络强国路线图、任务书更加清晰明确。

党的十九大报告对网信工作作出重要部署："推动互联网、大数据、人工智能和实体经济深度融合""加强互联网内容建设，建立网络综合治理体系，营造清朗的网络空间""善于运用互联网技术和信息化手段开展工作"……

网络空间是一个不可分割、休戚与共的整体。2015 年，习近平总书记在第二届世界互联网大会开幕式上发表主旨演讲，创造性地提出了推进全球互联网治理体系变革的"四项原则"和构建网络空间命运共同体的"五点主张"。

"构建网络空间命运共同体"，这一具有马克思主义思想特质和中华民族天下情怀的倡议，鲜明表达了中国对于信息时代人类文明走向的关切，为全球互联网发展治理贡献了中国智慧和中国方案，一经提出就受到世界瞩目。

时代是思想之母，实践是理论之源。习近平总书记关于网络强国的重要思想，源于网络强国建设的生动实践，又指导网络强国建设取得重大成就，体现了历史逻辑和时代逻辑、理论逻辑和实践逻辑的内在统一。

2018 年，全国网络安全和信息化工作会议召开。这次会议最突出、最重大、最核心的成果，就是对习近平总书记关于网络强国的重要思想进行系统阐述。习近平总书记用"五个明确"对这一重要思想进行了高度概括：明确网信工作在党和国家事业全局中的重要地位，明确网络强国建设的战略目标，明确网络强国建设的原则要求，明确互联网发展治理的国际主张，明确做好网信工作的基本方法。

——明确网信工作在党和国家事业全局中的重要地位，充分体现了我们党引领把握信息时代的历史主动

当今世界正经历百年未有之大变局，新一轮科技革命和产业变革深入发展。

"农业革命增强了人类生存能力……工业革命拓展了人类体力……而信息革命则增强了人类脑力"。习近平总书记对信息社会发展大势有着高度敏锐性和深刻洞察力，强调"网络安全和信息化事关党的长期执政，事关国家长治久安，事关经济社会发展和人民群众福祉""要把网信工作摆在党和国家事业全局中

来谋划，切实加强党的集中统一领导"。

这是一份历史昭示的清醒自觉，更是一份面向未来的责任担当。习近平总书记统揽全局、把握大势，亲自谋划、亲自部署，开启新时代网信事业发展的崭新篇章。

2014 年，中国迎来全功能接入国际互联网 20 周年。就在这一年，中央网络安全和信息化领导小组宣告成立，全面加强党中央对网信工作的集中统一领导。2018 年 3 月，中共中央印发《深化党和国家机构改革方案》，将中央网络安全和信息化领导小组改为中央网络安全和信息化委员会，强化网信领域重大工作的顶层设计、总体布局、统筹协调、整体推进和督促落实。

中央、省、市三级网信工作体系基本建立，县级网信机构建设扎实推进，基本形成"一张网""一盘棋"的工作格局。

制定实施《党委（党组）网络意识形态工作责任制实施细则》《党委（党组）网络安全工作责任制实施办法》，压实网络意识形态工作责任制、网络安全工作责任制，将党管互联网落到实处。

深化全面从严治党，营造风清气正的政治生态，加强网信系统党的建设和干部人才队伍建设，打造忠诚干净担当的网信铁军……

党的十八大以来，以习近平同志为核心的党中央始终坚持党管互联网这一重要政治原则，科学把握互联网管理的全局性、系统性、协同性特点，全面推进互联网管理领导体制机制改革，党中央对网信工作的集中统一领导持续加强。

——明确网络强国建设的战略目标，擘画了网络强国建设的宏伟蓝图

"当今世界，谁掌握了互联网，谁就把握住了时代主动权；谁轻视互联网，谁就会被时代所抛弃。一定程度上可以说，得网络者得天下。"

当今世界主要国家都把互联网作为经济发展、技术创新的战略重点，把互联网作为谋求竞争新优势的优先方向；大国之间围绕网络空间发展主导权、制网权的争夺日趋激烈，世界权力图谱因信息化而被重新绘制……能不能适应和引领互联网发展，成为决定大国兴衰的一个关键。

建设网络强国，时也，势也。

实施国家大数据战略、人工智能发展现状和趋势、全媒体时代和媒体融合发展、区块链技术发展现状和趋势、量子科技研究和应用前景、加强我国国际传播能力建设、推动我国数字经济健康发展……党的十八大以来，信息时代前沿问题多次成为中共中央政治局集体学习的主题。

从《国家信息化发展战略纲要》到《"十四五"国家信息化规划》……一系列"大手笔"的背后，是迈向网络强国的坚定决心和坚实步伐。网络强国战略，随着一个又一个规划的落地

实施，从伟大战略构想一步一步转化为生动实践。

——明确网络强国建设的原则要求，深刻揭示了网络强国建设的内在规律

"问题是时代的声音，回答并指导解决问题是理论的根本任务。"

当人类进入工业时代时，马克思主义经典作家以其敏锐眼光深刻把握资本主义社会的基本矛盾问题，指出了人类解放的方向。

当人类开始进入信息时代，中国共产党人紧密结合最新的发展，以深厚的人民情怀、博大的天下胸襟，书写着气势恢宏的马克思主义中国化、时代化的崭新篇章。

"要坚持创新发展、依法治理、保障安全、兴利除弊、造福人民的原则，坚持创新驱动发展，以信息化培育新动能，用新动能推动新发展；坚持依法治网，让互联网始终在法治轨道上健康运行；坚持正确网络安全观，筑牢国家网络安全屏障；坚持防范风险和促进健康发展并重，把握机遇挑战，让互联网更好造福社会；坚持以人民为中心的发展思想，让亿万人民在共享互联网发展成果上有更多获得感。"

这些重要论述，深刻揭示了网络强国建设的内在规律，为我们更好发展互联网、运用互联网、治理互联网指明了方向。

顺应大势，方可乘势而进。

"九章"面世、"北斗"组网;"嫦娥"奔月,"蛟龙"潜底;"中国芯"突围,"智能造"升级……把技术和发展的自主权牢牢掌握在自己手里,坚定不移走自主创新道路,在关键核心技术上奋力攻坚、勇攀高峰,重大创新成果不断涌现,我国成功进入创新型国家行列。

3G突破、4G并跑、5G领跑……高速泛在、天地一体、云网融合、智能敏捷、绿色低碳、安全可控的智能化综合性数字信息基础设施建设取得一系列重要成果和显著成效,成为经济社会发展信息"大动脉"。

完善落实反垄断法规,印发《中共中央　国务院关于促进民营经济发展壮大的意见》等,促进网信企业健康有序发展。

《中华人民共和国网络安全法》《中华人民共和国数据安全法》《中华人民共和国个人信息保护法》《关键信息基础设施安全保护条例》等一批互联网领域法律法规相继出台。我国基本形成了以宪法为根本,以法律、行政法规、部门规章和地方性法规、地方政府规章为依托,以传统立法为基础,以网络内容建设与管理、网络安全和信息化等网络专门立法为主干的网络法律体系,网络立法的"四梁八柱"基本构建。

强化网络安全治理,启动网络安全审查;健全国家网络安全应急体系;大力培养网络安全人才;连续举办国家网络安全宣传周……我国以总体国家安全观为指导,不断完善网络安全工作体制机制，加强网络安全保障体系和能力建设，全社会网络安全意识和防护技能明显增强。

江山就是人民，人民就是江山。

在"贯彻以人民为中心的发展思想"的庄严宣告里，在"为老百姓提供用得上、用得起、用得好的信息服务"的声声叮嘱中，在小康路上"一个都不能少"的铿锵承诺里，我们深切感知中国共产党的身之所行、心之所系。

一切为了人民，一切依靠人民。人民情怀，赋予网络强国建设鲜明底色。

——明确互联网发展治理的国际主张，彰显了我们党构建网络空间命运共同体的天下胸怀

2013 年 3 月，习近平总书记在莫斯科国际关系学院发表演讲，提出了"你中有我、我中有你的命运共同体"理念。

在中国无数的"影响力时刻"中，这无疑是一个坐标。

循大道，天下往。

互联网真正让世界变成了地球村，让国际社会越来越成为你中有我、我中有你的命运共同体，各国人民在网络空间休戚与共、利益攸关。同时，互联网领域发展不平衡、规则不健全、秩序不合理等问题日益凸显，国际社会呼唤新的解决方案。

"构建网络空间命运共同体"的倡议，是人类命运共同体理念在网络空间的发展。这是植根 5000 多年悠久文明的深沉思考，

是放眼变乱交织国际局势的重大抉择，是对信息时代人类社会发展方向的深刻洞察，更是中国面向全世界发出的广泛号召。

2022 年 7 月，在连续 8 年成功举办世界互联网大会的基础上，世界互联网大会国际组织在中国北京成立。习近平总书记发来贺信，强调"网络空间关乎人类命运，网络空间未来应由世界各国共同开创。中国愿同国际社会一道，以此为重要契机，推动构建更加公平合理、开放包容、安全稳定、富有生机活力的网络空间，让互联网更好造福世界各国人民"。

青山一道同云雨，明月何曾是两乡。

全球发展倡议、全球安全倡议、全球文明倡议……一项项中国倡议与方案，让世界见证着中国致力于共建美好世界的不

2023 年 11 月 5 日至 10 日，主题为"新时代，共享未来"的第六届中国国际进口博览会在国家会展中心（上海）举行

图 / 视觉中国

懈努力。推进援非"万村通"项目，为上万个偏远村庄接入卫星电视信号，助力非洲民众联通世界；推动中国电商企业扎根拉美等地区，促进当地数字转型；中国—东盟信息港建设全面提速；中阿"网上丝绸之路"经济合作试验区启动建设。一个个中国行动，不断书写网络空间命运共同体的华彩篇章。

——明确做好网信工作的基本方法，丰富了我们党治国理政的方法论

网信工作涉及众多领域，需要加强统筹协调、实施综合治理，形成强大工作合力。

习近平总书记强调："要提高网络综合治理能力，形成党委领导、政府管理、企业履责、社会监督、网民自律等多主体参与，经济、法律、技术等多种手段相结合的综合治网格局。"建立网络综合治理体系，是以习近平同志为核心的党中央作出的一项带有全局性、根本性的重大部署。党的十九大和党的二十大都对其作出专门部署，党中央出台实施了《关于加快建立网络综合治理体系的意见》。

目前，涵盖互联网领导管理、正能量传播、网络内容管控、社会协同治理、网络法治、技术治网等方面的网络综合治理体系已基本建成，推动实现互联网由"管"到"治"的根本转变，进一步拓展了中国特色治网之道，形成了丰富的理论成果、实践成果、制度成果。

"当今世界，信息化发展很快，不进则退，慢进亦退。"

"网络安全和信息化是一体之两翼、驱动之双轮，必须统一谋划、统一部署、统一推进、统一实施。"

"共同构建和平、安全、开放、合作的网络空间，建立多边、民主、透明的国际互联网治理体系。"

习近平总书记关于网络强国的重要思想，创造性地运用马克思主义基本原理，深刻阐述了安全和发展、自由和秩序、开放和自主、管理和服务的辩证关系，形成了我们党管网治网用网的科学方法论。

行之力则知愈进，知之深则行愈达。

"五个明确"涵盖了网信工作的整体布局、战略目标、原则要求、国际主张和基本方法，深刻揭示了新时代网信工作的内在规律，顺应时代潮流、回应人民期盼，处处闪烁着马克思主义的历史唯物主义和辩证唯物主义的思想光辉，在信息时代创造性地发展了马克思主义，彰显出大国大党的历史使命担当和中华文明的独特魅力。

矢志前行、谱写新篇，加快推动网信事业高质量发展，为强国建设、民族复兴作出新的更大贡献

党的二十大擘画了全面建设社会主义现代化国家、以中国式现代化全面推进中华民族伟大复兴的宏伟蓝图，明确提出加快建设网络强国，对网信工作作出新的战略部署。

2023年7月14日至15日，全国网络安全和信息化工作会议在北京召开。这次会议，是以习近平同志为核心的党中央着眼于党和国家事业发展全局特别是网信事业长远发展决定召开的一次重要会议，对于我们做好当前和今后一个时期网信工作，进一步推动网信事业高质量发展，加快建设网络强国，具有重大而深远的意义。

习近平总书记对网络安全和信息化工作作出重要指示，充分肯定了党的十八大以来网信事业取得的成就，深刻阐述新时代新征程网信事业的重要地位作用，鲜明提出网信工作要"切实肩负起举旗帜聚民心、防风险保安全、强治理惠民生、增动能促发展、谋合作图共赢"的使命任务，并明确了"十个坚持"的重要原则。

——坚持党管互联网

党对网信工作的全面领导，是中国特色治网之道的本质特征，是网信事业高质量发展的根本保证。这就要求我们必须把网信工作摆在党和国家事业全局中来谋划，加强党对网信工作的全面领导，强化各级党委（党组）主体责任，发挥各级网信部门作用，不折不扣落实党中央关于网信工作的各项决策部署，确保网信事业始终沿着正确政治方向前进。

——坚持网信为民

人民性是网信工作的根本属性，网信为民是网信工作的深厚底色。这就要求我们必须把增进人民福祉作为信息化发展的出发点和落脚点，始终坚持人民至上，深化网信为民惠民，走好网上群众路线，更好发挥互联网在倾听人民呼声、汇聚人民智慧、回应人民诉求等方面的作用，让人民群众在信息化发展中有更多获得感、幸福感、安全感。

——坚持走中国特色治网之道

中国特色治网之道，凝结着中国互联网发展治理的实践经验，是中国特色社会主义道路在网信领域的具体体现。这就要求我们必须坚守志不改、道不变的信念与决心，按照技术要强、内容要强、基础要强、人才要强、国际话语权要强的要求，加快推进网络强国建设，最终达到技术先进、产业发达、攻防兼备、制网权尽在掌握、网络安全坚不可摧的目标。

——坚持统筹发展和安全

统筹发展和安全，既是过去网信事业取得重大成就的重要保证，也是未来网信事业行稳致远的必然要求。这就要求我们必须正确处理好发展和安全的关系，坚持发展和安全并重，协调一致、齐头并进，以安全保发展、以发展促安全，努力建久安之势、成长治之业。

——坚持正能量是总要求、管得住是硬道理、用得好是真本事

坚持建管用并重、兴利与除弊统一，体现了对网络内容建设管理工作规律的深刻把握。这就要求我们必须加强网上正面宣传引导，深化党的创新理论网上宣传，建立全媒体传播体系，坚决打赢网络意识形态斗争，健全网络综合治理体系，提高网络综合治理效能，构建网上网下同心圆，使互联网这个最大变量变成事业发展的最大增量。

——坚持筑牢国家网络安全屏障

网络安全是国家安全的重要组成部分，筑牢国家网络安全屏障是维护国家安全的必然要求。这就要求我们必须坚持从维护国家安全的高度谋划、部署和推进网络安全工作，树立正确的网络安全观，实施网络安全重大战略和任务，构建大网络安全工作格局，夯实网络安全工作基础。

——坚持发挥信息化驱动引领作用

当前，我国经济已由高速增长阶段转向高质量发展阶段，高质量发展，需要信息化驱动；现代化建设，需要信息化先行。这就要求我们必须加快信息领域关键核心技术攻关，加快数字基础设施建设，推进数字产业化和产业数字化，做强做优做大数字经济，以信息化推进国家治理体系和治理能力现代化，全面推进数字化转型发展，更好服务支撑高质量发展。

2022 年 10 月，天津港 C 段智能化集装箱码头投产运行一年，作业量突破 100 万标准箱
图／天津市滨海新区区委网信办

——坚持依法管网、依法办网、依法上网

推进依法治网，是完善国家治理的新领域、全面依法治国的新课题、互联网发展管理的新要求。这就要求我们必须把依法治网作为基础性手段，加快制定完善网络法律法规，加大网络执法力度，深入开展网络普法工作，持续推进网络空间法治化进程，确保互联网始终在法治轨道上健康运行。

——坚持推动构建网络空间命运共同体

网络空间命运共同体是人类命运共同体的重要组成部分，构建网络空间命运共同体是全人类在信息时代的必然选择。这就要求我们必须深入学习宣介习近平总书记关于构建网络空间命运共同体的重要理念主张，推动全球互联网治理体系变革，深化网信领域国际交流与务实合作，构建和平、安全、开放、合作、有序的网络空间。

——坚持建设忠诚干净担当的网信工作队伍

建设忠诚干净担当的网信工作队伍，是推动网信事业发展的重要保证。这要求我们必须坚持以党的政治建设为统领，对照"讲政治、懂网络、敢担当、善创新"的重要标准，加强网信系统领导班子和干部队伍建设，强化网信工作体系建设，深化网信人才建设，深入推进网信系统全面从严治党，为网信事业发展提供坚强的组织和队伍保障。

习近平总书记的重要指示，高瞻远瞩、统揽全局，思想深邃、内涵丰富，进一步丰富和发展了习近平总书记关于网络强国的重要思想，把党对网信工作的规律性认识提升到全新高度，为新时代新征程网络强国建设提供了行动指南。

旗帜指引方向，思想凝聚力量。

我们党之所以能够领导人民在一次次求索、一次次开拓中完成中国其他各种政治力量不可能完成的艰巨任务，根本在于坚持把马克思主义基本原理同中国具体实际相结合、同中华优秀传统文化相结合，不断推进马克思主义中国化时代化。实践充分证明，中国共产党为什么能，中国特色社会主义为什么好，归根到底是马克思主义行，是中国化时代化的马克思主义行。

习近平总书记关于网络强国的重要思想，是运用马克思主义立场观点方法分析解决我国互联网发展治理问题的重大成果，是对中国特色治网之道的科学总结和理论升华，是习近平新时代中国特色社会主义思想的重要组成部分，以全新的视野深化了我们党对信息时代共产党执政规律、社会主义建设规律、人类社会发展规律的认识，以新的实践成果丰富和完善了中国特色社会主义，以新的认识开创和拓展了中国特色治网之道，为我们做好网络安全和信息化工作提供了科学指引。

习近平总书记关于网络强国的重要思想，是网信战线沿着中国特色治网之道勇毅前行的根本思想指南，是我们阔步迈向网络强国最有力的思想武器。只有深入学习宣传贯彻习近平总书记关于网络强国的重要思想，全面把握和自觉运用贯穿其中的世界观和方法论，我们才能从世界之变中观察世界大势、从时代之变中把握时代潮流、从历史之变中争取历史主动，不断开创网络强国建设新局面。

在以习近平同志为核心的党中央掌舵领航下，在习近平总书记关于网络强国的重要思想的科学指引下，"中国号"巨轮正乘风破浪驶向网络强国美好前景。

这是一股无法阻挡的潮流，已经改变并将继续深刻改变人类社会发展的历史进程。

这是一项充满活力的事业，已经形成并将持续形成推动中国和世界前进的巨大力量。

这是一项充满挑战的事业，必须进一步发扬斗争精神、增强斗争本领，随时准备迎接各种风险，甚至是惊涛骇浪的考验。

一个风华正茂的世界最大执政党，一个始终站在时代潮流最前列、站在攻坚克难最前沿、站在最广大人民之中的大党，必将引领亿万人民在复兴征程上风雨无阻、一往无前。

迈向新时代新征程，让我们更加紧密地团结在以习近平同志为核心的党中央周围，坚持以习近平新时代中国特色社会主义思想特别是习近平总书记关于网络强国的重要思想为指导，深刻领悟"两个确立"的决定性意义，增强"四个意识"、坚定"四个自信"、做到"两个维护"，心怀"国之大者"，切实肩负起"举旗帜聚民心、防风险保安全、强治理惠民生、增动能促发展、谋合作图共赢"的使命任务，以一往无前、时不我待的奋进姿态推动网信事业高质量发展，不断开创网络强国建设新局面，为全面建设社会主义现代化国家、全面推进中华民族伟大复兴作出新的更大贡献！

万山磅礴看主峰

——掌舵领航网信事业发展

当今时代，互联网发展日新月异，信息化浪潮席卷全球，中华民族迎来了千载难逢的历史机遇。党的十八大以来，以习近平同志为核心的党中央高度重视网络安全和信息化工作，习近平总书记从信息化发展大势和国际国内大局出发，以马克思主义政治家、思想家、战略家的深刻洞察力、敏锐判断力、理论创造力，提出一系列具有开创性意义的新思想新理论新战略，深刻回答了事关网信事业发展的一系列重大理论和实践问题，形成了内涵丰富、科学系统的习近平总书记关于网络强国的重要思想。

从来没有一个国家的执政党像中国共产党一样如此敏锐地把握信息时代历史潮流，从来没有一个国家的领袖如此高瞻远瞩、系统深入地回应网信事业发展的时代命题。在以习近平同志为核心的党中央坚强领导下，在习近平新时代中国特色社会主义思想特别是习近平总书记关于网络强国的重要思想指引下，我国网信事业取得历史性成就、发生历史性变革，探索走出了一条中国特色治网之道，我国正在从网络大国向网络强国阔步迈进。

大风泱泱兮大潮滂滂——习近平总书记敏锐把握信息时代"时"与"势"，全面部署网络强国战略

一个时代的开启，有其必然的规律。

时间回溯到 8 年前。2014 年，中国迎来全功能接入国际互

联网 20 周年。就在这一年的 2 月，中央网络安全和信息化领导小组宣告成立，在北京召开了领导小组第一次会议，习近平总书记亲自担任组长，充分体现了对维护国家网络安全、推动信息化发展的高度重视和坚定决心。2018 年 3 月，中共中央印发《深化党和国家机构改革方案》，为加强党中央对网信工作的集中统一领导，强化决策和统筹协调职责，将中央网络安全和信息化领导小组改为中央网络安全和信息化委员会。

中国最高领导人亲自挂帅，在海内外引发热烈反响。国外媒体惊叹，中国领导人的远见和担当"影响深远"。舆论认为，这体现了中国全面深化改革向纵深推进，凝聚了中国共产党人顺应时代的智慧、胆识和勇气。

"水有源，故其流不穷；木有根，故其生不穷。"在长期的地方和中央领导工作实践中，习近平总书记始终高度重视信息化发展。

早在 20 世纪 80 年代，时任河北正定县委书记的习近平同志指出，科技是关键，信息是灵魂。2000 年，时任福建省省长的习近平同志作出建设"数字福建"的战略决策，亲自组织编制和研究部署"数字福建"第一个五年发展规划。2003 年，时任浙江省委书记的习近平同志指出，要坚持以信息化带动工业化，以工业化促进信息化，加快建设"数字浙江"……

2012 年 12 月 7 日，习近平总书记在党的十八大后第一次京外考察就来到改革开放的前沿阵地——广东深圳。其间，他在考察腾讯公司时作出重要论断，"现在人类已经进入互联网时代这样一个历史阶段，这是一个世界潮流。"

互联网已经成为舆论斗争的主战场。2013 年 8 月 19 日，习近平总书记在全国宣传思想工作会议上指出："在互联网这个战场上，我们能否顶得住、打得赢，直接关系我国意识形态安全和政权安全。"

信息化潮流带来了历史发展机遇，也伴生着诸多风险与挑战。时代命题的回应和破解，需要巨大的政治勇气，需要果敢的历史担当。

2014 年 2 月召开的中央网络安全和信息化领导小组第一次会议，明确了中央网络安全和信息化领导小组要发挥集中统一领导作用，统筹协调各个领域的网络安全和信息化重大问题，制定实施国家网络安全和信息化发展战略、宏观规划和重大政策，不断增强安全保障能力。"网络安全和信息化是一体之两翼、驱动之双轮，必须统一谋划、统一部署、统一推进、统一实施""没有网络安全就没有国家安全，没有信息化就没有现代化""做好网上舆论工作是一项长期任务，要创新改进网上宣传，运用网络传播规律，弘扬主旋律，激发正能量"……一系列重大论断和重要部署，让网络强国的蓝图更加清晰，"努力把我国建设成为网络强国"的目标愿景被首次提出。

中央网络安全和信息化领导小组第一次亮相，为网络强国建设指明了方向。互联网管理领导体制机制进一步完善，设立中央网信办作为负责统筹协调的常设办事机构，与相关各部门共同推动网信事业发展。

彼时，我国网民规模为 6.18 亿，互联网普及率为 45.8%。习近平总书记在作出"我国已成为网络大国"判断的同时，指出"国内互联网发展瓶颈仍然较为突出"。由"大"而"强"，既"大"且"强"，成为中国互联网发展的重要目标。2015 年 10 月，党的十八届五中全会明确提出要实施网络强国战略。由此，建设网络强国正式成为国家的重要战略任务。

2023 年 7 月 6 日，内蒙古鄂尔多斯，自动驾驶观光巴士在康巴什区街头行驶。近年来，内蒙古鄂尔多斯市康巴什区持续打造智能网联汽车产业示范应用区，助力智慧城市基础设施建设　　　　图／视觉中国

从"网络大国"到"网络强国",一字之谋、一字之变、一字之进,预示着中国互联网发展迈入了一个全新的历史时期。

这是关键时刻的关键抉择。在习近平总书记的亲自领导和指挥下,"网信"二字从无到有,逐渐成为从政府到民间、从虚拟空间到现实社会不可或缺的重要组成部分。

九万里风鹏正举——习近平总书记关于网络强国的重要思想指引网信事业高质量发展

"这个会,我一直想开。"2016 年 4 月 19 日,在中国全功能接入国际互联网 22 周年的前夕,习近平总书记主持召开网络安全和信息化工作座谈会并发表重要讲话。开门见山的这句话,充分体现了习近平总书记对网信事业的长期关注和思考。

在这个座谈会上,习近平总书记首次提出了"网信事业"这一高度凝练、内涵丰富的概念。网信事业是人民的事业。网信事业要发展,必须贯彻以人民为中心的发展思想。

"让亿万人民在共享互联网发展成果上有更多获得感""要运用大数据促进保障和改善民生""要用好网络信息技术,发展远程教育,推动优质教育资源城乡共享"……在习近平总书记心中,"人民"二字重千钧。一切为了人民,一切依靠人民。互联网是惠民、利民、便民的一大"利器"。

"网络空间是亿万民众共同的精神家园。网络空间天朗气清、生态良好，符合人民利益。网络空间乌烟瘴气、生态恶化，不符合人民利益。"习近平总书记提出的这一论断，表达了人民群众的共同心声。让网上精神家园天朗气清、生态良好，不仅是国家之幸，亦是人民之需。

在党的十九大上，习近平总书记郑重宣布："经过长期努力，中国特色社会主义进入了新时代。"

新时代，我国网信事业迎来了新起点。

党的十九大报告多次提及网信工作，并作出明确部署："推动互联网、大数据、人工智能和实体经济深度融合""加强互联网内容建设，建立网络综合治理体系，营造清朗的网络空间""善于运用互联网技术和信息化手段开展工作"……

"纷繁世事多元应，击鼓催征稳驭舟。"面对信息化变革带来的新机遇和新挑战，2018 年 4 月 20 日至 21 日，党中央第一次召开全国网络安全和信息化工作会议，对加快推动网络强国建设进行全面部署。

在这次会议上，习近平总书记出席并发表了重要讲话。他强调，"我们必须敏锐抓住信息化发展的历史机遇""自主创新推进网络强国建设"。习近平总书记从党和国家事业全局出发，科学分析了信息化变革趋势和肩负的历史使命，系统阐述了关于网络强国的重要思想，深刻回答了事关网信事业发展的一系列重大理论和实践问题，为加快推进网络强国建设指明了前进方向、提供了根本遵循。

在这次会议上，习近平总书记作出指示："要加快推进网信三级工作体系建设，落实好地方网信部门主要负责同志双重管理体制，确保上下联动、令行禁止。"

——举旗定向、凝心铸魂，党的声音成为网络空间最强音

"现在，互联网等新媒体快速发展，如果我们不主动宣传、正确引导，别人就可能先声夺人，抢占话语权。"早在 2013 年，习近平总书记就鲜明指出，要深刻认识舆论引导的重要性，主动加强引导。

在全国宣传思想工作会议上，习近平总书记强调："宣传思想工作是做人的工作的，人在哪儿重点就应该在哪儿。"

互联网正在媒体领域催发一场前所未有的变革。

习近平总书记用实际行动向全党作出示范。2015 年 12 月 25 日，新年前夕，习近平总书记到解放军报社视察。他坐在解放军报微博微信工位上，电脑桌面显示解放军报微博发布平台，习近平总书记敲击键盘，发出了一条微博，瞬间引发全民瞩目。他强调："要顺应互联网发展大势，勇于创新、勇于变革，利用互联网特点和优势，推进理念、内容、手段、体制机制等全方位创新，努力实现军事媒体创新发展。"

明者因时而变，知者随事而制。

"党的新闻舆论工作是党的一项重要工作，是治国理政、定国安邦的大事。"2016年2月19日下午，在党的新闻舆论工作座谈会上，习近平总书记作出这一重要论断。当天上午，他专程前往人民日报社、新华社、中央电视台3家中央新闻单位进行实地调研。2016年4月19日，在网络安全和信息化工作座谈会上，他同大家谈道："建设网络良好生态，发挥网络引导舆论、反映民意的作用。"他鼓励各级党政机关和领导干部要善于运用网络了解民意、开展工作，各级干部特别是领导干部一定要不断提高这项本领。

互联网作为亿万网民获得信息、交流信息的最大平台，在凝聚共识中有着不可替代的重要作用。

我国正处于"两个一百年"的历史交汇点。为了实现奋斗目标，需要全社会方方面面同心干，网上网下形成同心圆。习近平总书记指出："什么是同心圆？就是在党的领导下，动员全国各族人民，调动各方面积极性，共同为实现中华民族伟大复兴的中国梦而奋斗。"

2017年10月18日，中国共产党第十九次全国代表大会隆重召开。习近平总书记指出："加强互联网内容建设，建立网络综合治理体系，营造清朗的网络空间。"

关于网络综合治理体系建设，习近平总书记指出："打赢网络意识形态斗争，必须提高网络综合治理能力，形成党委领导、政府管理、企业履责、社会监督、网民自律等多主体参与，经济、法律、技术等多种手段相结合的综合治网格局。"

推动媒体融合发展、建设全媒体成为一项紧迫课题。2019年1月25日，十九届中共中央政治局把第十二次集体学习的"课堂"设在了媒体融合发展的第一线，采取调研、讲解、讨论相结合的形式进行。习近平总书记作出指示："要运用信息革命成果，推动媒体融合向纵深发展，做大做强主流舆论，巩固全党全国人民团结奋斗的共同思想基础，为实现'两个一百年'奋斗目标、实现中华民族伟大复兴的中国梦提供强大精神力量和舆论支持。"

"要深刻认识新形势下加强和改进国际传播工作的重要性和必要性，下大气力加强国际传播能力建设"。2021年5月31日，在十九届中共中央政治局第三十次集体学习时，习近平总书记强调："讲好中国故事，传播好中国声音，展示真实、立体、全面的中国，是加强我国国际传播能力建设的重要任务。"

党的十八大以来，在以习近平同志为核心的党中央坚强领导下，网信战线牢牢把握网络意识形态安全的主导权和主动权，做大做强网上正面宣传，在管网治网上出重拳、亮利剑，坚决打赢网络意识形态领域一系列重大斗争，根本扭转了过去网上乱象丛生、阵地沦陷、被动挨打的状况，网上正能量更加强劲、主旋律更加高昂，党的声音成为网络空间最强音。

2023年6月8日，经船上安装的智能系统控制，"一航津安1"沉管运输安装一体船将E23管节和最终浮头运至安装现场。2018年，我国自主研发的新型测控软件引入北斗系统，用于深中通道沉管施工，为海底施工安装上"慧眼"，实现连续多节沉管零偏差对接　　图/新华社

——前瞻部署、统筹推进，充分发挥信息化驱动引领作用

互联网是20世纪最伟大的发明之一。

2015年6月17日，在贵州省贵阳市大数据应用展示中心，习近平总书记强调："面对信息化潮流，只有积极抢占制高点，才能赢得发展先机。"

2015年12月，在第二届世界互联网大会期间，习近平总书记视察"互联网之光"博览会，当看到来自全球的250多家企业展出的1000多项新技术新成果中，中国也占了不少，他说："这令人高兴。"

"网信事业代表着新的生产力、新的发展方向，应该也能够在践行新发展理念上先行一步。"2016 年 4 月 19 日，在网络安全和信息化工作座谈会上，习近平总书记指出："按照新发展理念推动我国经济社会发展，是当前和今后一个时期我国发展的总要求和大趋势。""我国网信事业发展要适应这个大趋势。"

党的十九大报告提出建设数字中国，正是要充分发挥信息化对经济社会发展的引领作用。

2017 年 12 月 8 日，十九届中共中央政治局就实施国家大数据战略进行第二次集体学习。习近平总书记作出"大数据是信息化发展的新阶段"的重要论断。2018 年 10 月 31 日，十九届中共中央政治局就人工智能发展现状和趋势举行第九次集体学习。习近平总书记指出："人工智能是引领这一轮科技革命和产业变革的战略性技术，具有溢出带动性很强的'头雁'效应。"

网信领域是技术密集型产业，对核心技术的研发和利用提出了极高的要求。

2015 年 2 月 15 日，习近平总书记来到中国科学院西安光学精密机械研究所调研。"核心技术靠化缘是要不来的，必须靠自力更生。"在观看科技成果及产品展示之后，习近平总书记勉励大家，"科技人员要树立强烈的创新责任和创新自信"。

2016 年 4 月 19 日，在网络安全和信息化工作座谈会上，习近平总书记指出"互联网核心技术是我们最大的'命门'，核心技术受制于人是我们最大的隐患"。他以"砌房子"生动作喻：

"供应链的'命门'掌握在别人手里，那就好比在别人的墙基上砌房子，再大再漂亮也可能经不起风雨，甚至会不堪一击。"

核心技术是国之重器，是信息化发展的基石。

习近平总书记鼓励大家："我国网信领域广大企业家、专家学者、科技人员要树立这个雄心壮志，要争这口气，努力尽快在核心技术上取得新的重大突破。"

世界局势风起云涌，习近平总书记多次强调"真正的大国重器，一定要掌握在自己手里"，意味深长。

2019年10月24日，习近平总书记在主持十九届中共中央政治局第十八次集体学习时强调："我们要把区块链作为核心技术自主创新的重要突破口，明确主攻方向，加大投入力度，着力攻克一批关键核心技术，加快推动区块链技术和产业创新发展。"

当今世界正经历百年未有之大变局，科技创新是其中一个关键变量。2020年10月16日，十九届中共中央政治局就量子科技研究和应用前景举行第二十四次集体学习。习近平总书记指出："我们要于危机中育先机、于变局中开新局，必须向科技创新要答案。要充分认识推动量子科技发展的重要性和紧迫性，加强量子科技发展战略谋划和系统布局，把握大趋势，下好先手棋。"

在习近平总书记的亲切关怀下，近年来我国信息化发展硕果累累：我国的互联网发展从1G、2G时代的"跟跑"，到3G、4G时代的"并跑"，再到5G时代的"领跑"，不断超越，创造了一个又一个中国奇迹。在体量上，我国网民数量达到全球第一，电子商务总量全球第一，电子支付总额全球第一……

核心技术攻克捷报频传：中国超级计算机屡破世界纪录，"墨子号"飞向太空，量子计算机研制成功，北斗导航全球组网完成，5G 商用加速推出……中国的网信事业发展可谓一日千里。习近平总书记深情说道："我为中国人民迸发出来的创造伟力喝彩！"

——备豫不虞、居安思危，切实筑牢国家网络安全屏障

网络安全和信息化是相辅相成的。

"安全是发展的前提，发展是安全的保障，安全和发展要同步推进。"在网络安全和信息化工作座谈会上，习近平总书记强调，要树立正确的网络安全观。

"网络安全是整体的而不是割裂的""网络安全是动态的而不是静态的""网络安全是开放的而不是封闭的""网络安全是相对的而不是绝对的""网络安全是共同的而不是孤立的"……针对网络安全，习近平总书记高度凝练地总结了这几个主要特点。

"聪者听于无声，明者见于未形"。维护网络安全，首先要知道风险在哪里。"感知网络安全态势是最基本最基础的工作。"在这次座谈会上，习近平总书记从感知网络安全态势、加快网络立法进程、加强对大数据的管理等方面提出明确要求。

2016 年 5 月 25 日，习近平总书记在黑龙江考察调研，在一

家网络安全公司，他指出网络安全是国家安全的重要组成部分。

"患生于所忽，祸起于细微"。网络安全牵一发而动全身，越是步入发展快车道，越要筑牢安全屏障。

在 2017 年 2 月 17 日召开的国家安全工作座谈会上，习近平总书记指出，要筑牢网络安全防线，提高网络安全保障水平，强化关键信息基础设施防护，加大核心技术研发力度和市场化引导，加强网络安全预警监测，确保大数据安全，实现全天候全方位感知和有效防护。

"没有网络安全就没有国家安全，就没有经济社会稳定运行，广大人民群众利益也难以得到保障""没有意识到风险是最大的风险""关键信息基础设施是网络安全防护的重中之重""没有强大的网络安全产业，国家网络安全就缺乏支撑；没有强大的网络安全企业，就形成不了强大的网络安全产业"……习近平总书记对网络安全的重要性强调再三，并作出系统部署。

网络安全为人民，网络安全靠人民。意识到安全是确保安全的第一步。

2019 年 9 月，习近平总书记对国家网络安全宣传周作出重要指示："举办国家网络安全宣传周、提升全民网络安全意识和技能，是国家网络安全工作的重要内容。"

在指示中，他提出国家网络安全工作的"四个坚持"。要坚持网络安全为人民、网络安全靠人民，保障个人信息安全，维护公民在网络空间的合法权益。要坚持网络安全教育、技术、产业融合发展，形成人才培养、技术创新、产业发展的良性生态。要坚持促进发展和依法管理相统一，既大力培育人工智能、物联网、下一代通信网络等新技术新应用，又积极利用法律法规和标准规范引导新技术应用。要坚持安全可控和开放创新并重，立足于开放环境维护网络安全，加强国际交流合作，提升广大人民群众在网络空间的获得感、幸福感、安全感。

2016年11月，《中华人民共和国网络安全法》高票通过，成为我国首部网络安全领域的基础性法律文件。2016年12月，《国家网络空间安全战略》发布，是我国首次发布的关于网络空间安全的战略文件。2021年，《中华人民共和国数据安全法》《中华人民共和国个人信息保护法》《关键信息基础设施安全保护条例》等一批互联网领域法律法规相继出台。

网络空间的竞争，归根结底是人才竞争。

"国势之强弱，系乎人才。"古往今来，人才都是富国之本、兴邦大计。

习近平总书记语重心长地对网络安全和信息化工作座谈会上的代表们说："我说过，要把我们的事业发展好，就要聚天下英才而用之。"习近平总书记深知互联网领域的人才有不少是"怪才、奇才"，他关怀备至地说道，对待特殊人才要有特殊政策，不要求全责备，不要论资排辈，不要都用一把尺子衡量。

"聚天下英才"，不仅仅体现在互联网领域。他早年在正定县工作时，为了向全国一流专家学者借智，专门聘请华罗庚等给正定县当顾问，有的专家更是亲自到正定指导工作。

党的十八大以来，国家网络安全屏障进一步巩固，制定实施网络安全法，加强网络安全保障能力建设，关键信息基础设施安全保护不断强化，网络违法犯罪活动得到有效遏制，全社会网络安全意识和防护能力明显增强。

——心怀天下、大国担当，携手构建网络空间命运共同体

互联网把世界变成了"地球村"，推动国际社会越来越成为你中有我、我中有你的命运共同体。

自 2014 年以来，每年深秋或初冬，世界目光都被水乡乌镇吸引。这个古老的小镇因连续举办世界互联网大会而闻名天下。

每一届世界互联网大会，都牵动着习近平总书记的心。

2015 年 12 月 16 日，习近平总书记亲临浙江乌镇。在第二届世界互联网大会开幕式上，他从人类活动空间的宏观视野出发，创造性提出"构建网络空间命运共同体"的重要理念。习近平总书记深刻指出，网络空间是人类共同的活动空间，网络空间前途命运应该由世界各国共同掌握。

习近平总书记站在人类前途与命运的战略高度，直面世界互联网发展的共同问题，提出推进全球互联网治理体系变革的"四项原则"、构建网络空间命运共同体的"五点主张"，强调

要"尊重网络主权、维护和平安全、促进开放合作、构建良好秩序",倡导"加快全球网络基础设施建设,促进互联互通;打造网上文化交流共享平台,促进交流互鉴;推动网络经济创新发展,促进共同繁荣;保障网络安全,促进有序发展;构建互联网治理体系,促进公平正义"。"四项原则""五点主张"为全球互联网发展治理提供了中国方案、贡献了中国智慧,得到国际社会的积极响应。

时任俄罗斯总理梅德韦杰夫在第二届世界互联网大会开幕式上的发言中积极呼应,他呼吁建立"网络空间治理的世界性标准""国际社会应制定出国家在信息空间中的普遍行为准则"。巴基斯坦前总统马姆努恩·侯赛因表示:"让我们共同努力,构建持久、安全和可靠的网络空间命运共同体。"美国战略和国际研究中心主任詹姆斯·安德鲁·路易斯认为:"如果要实现互联网的安全,必须所有国家都能够达成共识,各国都应该放弃自己的强权或霸权。"

"目前,大国网络安全博弈,不单是技术博弈,还是理念博弈、话语权博弈。我们提出了全球互联网发展治理的'四项原则'、'五点主张',特别是我们倡导尊重网络主权、构建网络空间命运共同体,赢得了世界绝大多数国家赞同。"习近平总书记指出。

计利当计天下利,山高路远恒者胜。

"利用好、发展好、治理好互联网必须深化网络空间国际合作，携手构建网络空间命运共同体""大家的事由大家商量着办，做到发展共同推进、安全共同维护、治理共同参与、成果共同分享"……历届世界互联网大会贺信内容一脉相承，表达出中国寻求合作、共治网络空间的"世界愿望"，也传递出中国在世界舞台上的大国担当和大国胸襟。

大道不孤，天下一家。

2015年9月22日，在接受美国《华尔街日报》书面采访时，习近平总书记指出，互联网"这块'新疆域'不是'法外之地'，同样要讲法治，同样要维护国家主权、安全、发展利益。"

凡益之道，与时偕行。

2017年5月14日，在"一带一路"国际合作高峰论坛开幕式上，习近平总书记指出，我们要坚持创新驱动发展，加强在数字经济、人工智能、纳米技术、量子计算机等前沿领域合作，推动大数据、云计算、智慧城市建设，连接成21世纪的数字丝绸之路。

2020年11月20日，习近平总书记在亚太经合组织第二十七次领导人非正式会议上强调，"数字经济是全球未来的发展方向，创新是亚太经济腾飞的翅膀""我们要全面落实亚太经合组织互联网和数字经济路线图，促进新技术传播和运用，加强数字基础设施建设，消除数字鸿沟"。

2020 年 11 月 27 日，习近平总书记在第十七届中国—东盟博览会和中国—东盟商务与投资峰会开幕式上发表视频致辞指出，本届中国—东盟博览会以"共建'一带一路'，共兴数字经济"为主题，就是要深化中国—东盟数字经济合作，推动共建"一带一路"高质量发展，为双方经济社会发展注入新活力。

党的十八大以来，我国高举网络主权大旗，推动构建网络空间命运共同体，积极参与全球互联网治理进程，创设并成功举办世界互联网大会，在网络空间的国际话语权和影响力显著提升，中国理念、中国主张、中国方案赢得越来越多的认同和支持。

治国有常民为本——让亿万人民在共享互联网发展成果上有更多获得感

一部人类史，就是一部全球各个民族同贫困做斗争的历史。

2021 年 2 月 25 日，习近平总书记在全国脱贫攻坚总结表彰大会上庄严宣告，我国脱贫攻坚战取得了全面胜利！

这是我国创造的又一个彪炳史册的人间奇迹！

2020 年 4 月 20 日傍晚，秦岭深处，陕西省柞水县小岭镇金米村的木耳展销中心迎来了一位"特殊带货员"。

直播台前，习近平总书记对着手机镜头点赞——"小木耳、大产业"。

当晚，柞水木耳火爆全网！2000万名网友涌进直播间，20多吨木耳被秒光。习近平总书记被亿万网民亲切地称为"最强带货员"。

时间回溯到2013年11月，习近平总书记在湖南湘西十八洞村考察时首次提出"精准扶贫"：扶贫攻坚就是要实事求是，因地制宜，分类指导，精准扶贫。

精准扶贫的前提是精准识贫。

"要实施网络扶贫行动，推进精准扶贫、精准脱贫，让扶贫工作随时随地、四通八达，让贫困地区群众在互联网共建共享中有更多获得感。"习近平总书记高度重视发挥互联网在脱贫攻坚中的作用，多次就实施网络扶贫行动作出重要指示。

网络扶贫是全国脱贫攻坚战中的重要组成部分，实施网络扶贫行动具有重要的现实意义和深远影响。

"贫困村通光纤和4G比例均超过98%""我们坚持对扶贫对象实行精细化管理、对扶贫资源实行精确化配置、对扶贫对象实行精准化扶持，建立了全国建档立卡信息系统，确保扶贫资源真正用在扶贫对象上、真正用在贫困地区。"在全国脱贫攻坚总结表彰大会上，习近平总书记多次提到以互联网为代表的信息通信技术在脱贫攻坚中发挥的重要作用。

脱贫摘帽不是终点，而是新生活、新奋斗的起点。国家乡村振兴局挂牌成立，一幅乡村振兴的未来画卷在人们面前徐徐展开。

民族要复兴，乡村必振兴。习近平总书记指出："乡村振兴是实现中华民族伟大复兴的一项重大任务。"数字乡村是数字中国与乡村振兴两大战略的结合点。加快推进数字乡村建设，既是乡村振兴的战略方向也是现实路径，既是数字中国的重要内容也是有效手段。

"十四五"规划和2035年远景目标纲要提出，加快推进数字乡村建设，构建面向农业农村的综合信息服务体系，建立涉农信息普惠服务机制，推动乡村管理服务数字化。

就在脱贫攻坚战进入冲锋的关键时期，2019年底，一场突如其来、世所罕见的新冠疫情，来势汹汹，席卷全球。面对这场百年不遇的重大挑战，习近平总书记深谋远虑、直接部署、亲临一线、全程督战，亿万人民凝聚起上下齐心、共克时艰的磅礴力量。

"建立健全运用互联网、大数据、人工智能等技术手段进行行政管理的制度规则。推进数字政府建设，加强数据有序共享，依法保护个人信息。"党的十九届四中全会对推进国家治理体系和治理能力现代化作出明确要求。

2020年3月4日，习近平总书记主持召开十九届中共中央政治局常务委员会会议时发表重要讲话强调，要加大公共卫生服务、应急物资保障领域投入，加快 5G 网络、数据中心等新型基础设施建设进度。

抗疫战也是科技战。

心中有"数"，才能提前谋划，做到防患于未然。在信息化时代，一切数字化治理都需要数据支撑，如果把整个社会运行比作人体的话，那么数据就是流动的"血液"，是保证信息时代社会正常运行的生命之源。

5G 云法庭、5G 远程医疗、5G 智能机器人……在新冠疫情阻击战中，5G 技术大显身手，多种创新应用作为政府数字化治理抓手，迅速投身战疫第一线。

疫情期间，依托人工智能技术的"机器战士"不怕传染、不用休息，速度极快、效率极高。在隔离病房，它们为患者送餐送药；在高速检查站，它们及时提醒司机注意防护；在车站和机场，它们化身消毒员确保公众安全……

在共克时艰的日子里，有逆行出征的豪迈，有患难与共的担当，有守望相助的感动，更有技术向善的温暖。在无数人以生命赴使命、用挚爱护苍生的艰苦斗争中，网信技术大展身手，在疫情中构筑起一道道守护生命的铜墙铁壁。

面对新冠疫情，党和国家在防控工作上采取有力举措，为中国的数字化治理转型升级按下"快进键"。数字技术在危机中迎来了大规模落地应用的机遇，发挥出推进国家治理体系和治理能力现代化的重要作用。

为统筹推进疫情防控和经济社会发展工作，习近平总书记作出重要部署："把我国发展的巨大潜力和强大动能充分释放出来，就能够实现今年经济社会发展目标任务。"

北京"健康宝"、上海"随申码"、重庆"渝康码"、秦皇岛"健康认证码"、乌鲁木齐"畅行码"……"健康码"，这个创新性举措，在一定区域内打通了人员流动的瓶颈，为复工复产提供了便利条件。

时间是最伟大的书写者，总会忠实记录下奋斗者的足迹。在习近平总书记心中，网信事业发展占有举足轻重的位置。

当前，中国数字经济不仅在规模上实现了飞跃式发展，发展模式也由模仿创新向自主创新蜕变，甚至在部分领域开创了"领跑"局面。中国向世界展现了一条具有中国特色和中国智慧的数字经济发展之路。

直挂云帆济沧海——立足新的历史方位迈向数字文明新时代

"加快数字中国建设，就是要适应我国发展新的历史方位，全面贯彻新发展理念，以信息化培育新动能，用新动能推动新发展，以新发展创造新辉煌。"2018 年 4 月 22 日，在首届数字中国建设峰会开幕之际，习近平总书记发来贺信。

习近平总书记为数字中国建设把舵定向，标定了前进路径，擘画了清晰未来。

"十四五"规划和2035年远景目标纲要开宗明义，指出我国进入新发展阶段。

新发展阶段，是我们党带领人民迎来从站起来、富起来到强起来历史性跨越的新阶段。

新发展阶段，网信事业发展站在了新的历史方位。

"迎接数字时代，激活数据要素潜能，推进网络强国建设，加快建设数字经济、数字社会、数字政府，以数字化转型整体驱动生产方式、生活方式和治理方式变革。"面向未来，"十四五"规划和2035年远景目标纲要对网信工作作出新部署新要求：打造数字经济新优势；加快数字社会建设步伐；提高数字政府建设水平；营造良好数字生态……为"十四五"时期乃至更长时期我国网信事业发展擘画蓝图、明确目标。

2021年11月8日至11日，中国共产党第十九届中央委员会第六次全体会议在北京举行，审议通过了《中共中央关于党的百年奋斗重大成就和历史经验的决议》（以下简称《决议》）。

"党坚持实施创新驱动发展战略，把科技自立自强作为国家发展的战略支撑，健全新型举国体制，强化国家战略科技力量，加强基础研究，推进关键核心技术攻关和自主创新……""党中央明确提出，过不了互联网这一关就过不了长期执政这一关。党高度重视互联网这个意识形态斗争的主阵地、主战场、最前沿，健全互联网领导和管理体制，坚持依法管网治网，营造清朗的网络空间。"《决议》多次提及网信工作，为网信事业发展指明了方向。加快数字化发展，建设数字中国。新的号角已经吹响。

一个新时代的开启，必然与文明发展阶段相辅相成。

人类社会经历了农业文明、工业文明阶段，正大踏步迈向网络文明、数字文明。时代大势浩浩荡荡，顺势而为，方能行稳致远。

近年来，我国积极推进互联网内容建设，弘扬新风正气，深化网络生态治理，网络文明建设取得明显成效。

2021年11月19日，在致首届中国网络文明大会的贺信里，习近平总书记指出，网络文明是新形势下社会文明的重要内容，是建设网络强国的重要领域。"要坚持发展和治理相统一、网上和网下相融合，广泛汇聚向上向善力量。各级党委和政府要担当责任，网络平台、社会组织、广大网民等要发挥积极作用，共同推进文明办网、文明用网、文明上网，以时代新风塑造和净化网络空间，共建网上美好精神家园。"

历史长河奔腾不息，时代潮流不可阻挡。

实现中华民族伟大复兴，是一项震古烁今的伟大事业。网络强国战略是实现中华民族伟大复兴的中国梦中不可或缺的关键一步。从1949年进京"赶考",到如今互联网时代的"过关",时代在发展,但不变的是中国共产党人始终为人民谋幸福、为民族谋复兴的伟大使命。

万山磅礴看主峰。

党的十八大以来,习近平总书记掌舵领航,围绕网信事业谋篇布局,观大局、察大势、谋大事,始终牢牢把握正确方向,驾驭和引领着我国迈向网络强国的航程。

风好正是扬帆时。

站在新的历史起点上,面对网络空间这个未知大于已知的领域,以习近平同志为核心的党中央带领中国在网信事业发展道路上稳步前进,激荡起中华民族伟大复兴的蓬勃力量。

思想引领方向,蓝图绘就梦想,实干成就强国。

党的二十大即将召开,全国网信战线将坚决拥护"两个确立",进一步增强"四个意识"、坚定"四个自信"、做到"两个维护",深入学习贯彻习近平新时代中国特色社会主义思想特别是习近平总书记关于网络强国的重要思想,紧密团结在以习近平同志为核心的党中央周围,踔厉奋发、笃行不怠,继续奋斗、勇往直前,为实现中华民族伟大复兴的中国梦贡献网信力量!

彩云长在有新天

——关于清朗网络空间建设

历史潮流奔涌向前，信息时代飞速到来。从互联网诞生之初被视为一种技术，到逐步呈现出媒体属性、社交属性、意识形态属性，网络空间已经成为我们党凝聚共识的新空间、汇聚正能量的新场域、打赢舆论斗争的新阵地。在这一历史进程中，特别是党的十八大以来，习近平总书记举旗定向、掌舵领航，把建设清朗网络空间摆在重要位置，提出一系列重大论断，作出一系列重要部署，推动网络空间发生历史性、全局性、根本性变革。

坚持正能量是总要求，让党的声音成为网络空间最强音

自 1994 年全功能接入国际互联网以来，中国互联网快速发展、广泛普及，并得到创造性应用。同时，互联网发展早期的匿名性、虚拟性，也让一些杂音噪音进入网络空间，甚至还有很多虚假信息误导群众、混淆视听。一次偶然事件可能在网上引起"民意沸腾"，一条网帖评论就能引发"舆论狂欢"。更有西方反华势力妄图利用互联网"扳倒中国"，个别西方政要甚至公然叫嚣，"有了互联网，对付中国就有了办法"。

党的十八大以来，以习近平同志为核心的党中央从进行具有许多新的历史特点的伟大斗争出发，打赢网络意识形态领域

一系列重大斗争，根本扭转了过去网上乱象丛生、阵地沦陷、被动挨打的状况，网上正能量更加充沛、主旋律更加高昂，社会主义核心价值观深入人心，走出了一条符合中国国情、具有中国特色的治网之道。

新时代十年变迁，网络空间因何"日月换新天"？

"砥柱人间是此峰。"2013年8月19日至20日，全国宣传思想工作会议在北京召开，习近平总书记发表重要讲话。习近平总书记从我们党长期执政的高度深刻指出："意识形态工作是党的一项极端重要的工作。"针对信息化飞速发展这一大趋势，习近平总书记明确指出："互联网已经成为舆论斗争的主战场"，"要把网上舆论工作作为宣传思想工作的重中之重来抓"。

"极端重要""重中之重"……习近平总书记的讲话字字千钧，意味深长。

彼时，移动互联网方兴未艾，各种信息加速在网上激流涌动。信息洪流，是大势，是潮流，但也泥沙俱下。

在互联网这个新空间，如何巩固马克思主义在意识形态领域的指导地位，巩固全党全国人民团结奋斗的共同思想基础，让党的声音成为网络空间最强音，需要清醒认知、前瞻布局和有效治理。

2014年是我国全功能接入国际互联网20周年。20年来，互联网已经深度嵌入人们的生产生活，在带来巨大便利的同时，也暗藏着诸多风险。

这一年的 2 月 27 日，中央网络安全和信息化领导小组第一次会议在北京召开，这是中央网络安全和信息化领导小组首次亮相，引发海内外高度关注。习近平总书记出席会议并发表重要讲话，果敢作答信息时代命题，前瞻擘画我国网信事业发展蓝图。"努力把我国建设成为网络强国"的战略目标首次提出，一系列重大部署开始实施，网络强国战略蓝图徐徐展开。

在这次会议上，习近平总书记要求创新改进网上宣传，把握好网上舆论引导的时、度、效，使网络空间清朗起来。

天朗气清、风正人和，寄托了人们对美好生活的向往。习近平总书记关于"使网络空间清朗起来"的重要指示精神，开启了清朗网络空间建设的崭新篇章，旗帜鲜明地指出了网络空间建设的路径和目标。

清流如许，为有源头活水。从鱼龙混杂到正气清风，巨变正在发生。

2016 年 2 月 19 日，习近平总书记前往人民日报社、新华社、中央电视台 3 家中央新闻单位实地调研并主持召开党的新闻舆论工作座谈会，强调"过不了互联网这一关，就过不了长期执政这一关""坚持党性原则，最根本的是坚持党对新闻舆论工作的领导""要把党管媒体的原则贯彻到新媒体领域，所有从事新闻信息服务、具有媒体属性和舆论动员功能的传播平台都要纳入管理范围，所有新闻信息服务和相关业务从业人员都要实行准入管理"。

在全面建成小康社会进入决胜阶段之际，召开党的新闻舆论工作座谈会，充分体现了党中央对新闻舆论工作的高度重视。习近平总书记深刻阐明党的新闻舆论工作的历史地位、重大作用、职责使命、目标任务和原则要求，以马克思主义立场观点方法对新形势下党的新闻舆论工作进行了系统部署，极大丰富和发展了马克思主义新闻观，为做好新形势下党的新闻舆论工作注入了强大思想动力，提供了科学行动指南。

2016年4月19日，习近平总书记主持召开网络安全和信息化工作座谈会。习近平总书记指出："网络空间是亿万民众共同的精神家园。网络空间天朗气清、生态良好，符合人民利益。网络空间乌烟瘴气、生态恶化，不符合人民利益。"习近平总书记明确要求，加强网络内容建设，做强网上正面宣传，做到正能量充沛、主旋律高昂，为广大网民特别是青少年营造一个风清气正的网络空间。

面对汹涌而至的信息浪潮，有的党员干部一时难以适应，甚至有的干部爱惜羽毛，认为网上的事情事不关己，不敢作为、不会作为……针对这些问题，在2018年4月20日召开的全国网络安全和信息化工作会议上，习近平总书记指出，"有的人反应迟钝，信息发布跟不上，真理还在穿鞋、谣言已经跑遍天下""有的党员干部对大是大非问题还是绕着走，在网上仍然是'吃瓜群众'""有的时候网上讨论得热火朝天，各种误读已经传播甚广，但有关部门的回应千呼万唤始出来、犹抱琵琶半遮面，甚至千呼万唤不出来，不是半遮面而是全遮面"……习近平总书记的一席话，精辟深刻、切中要害，让在场所有党员干部的内心受到强烈震撼。

当亿万网民的声音通过互联网迅速传达，当亿万网民的期盼通过留言板及时反映——这一根根细细的网线，牵连汇聚着亿万网民的真切心声。

人心是最大的政治。

如何让网络空间成为我们党组织群众、宣传群众、引导群众、服务群众的新空间，是对我们党的全新考验，是对广大领导干部学网、懂网、用网能力的时代要求。

习近平总书记明确提出，"各级党政机关和领导干部要学会通过网络走群众路线""让互联网成为我们同群众交流沟通的新平台，成为了解群众、贴近群众、为群众排忧解难的新途径，成为发扬人民民主、接受人民监督的新渠道"。这是习近平总书记对党的群众路线的重大创新发展，是对互联网时代保持党同人民群众的血肉联系这一永恒课题的深入思考和科学回答。

万山磅礴看主峰，神州一片中国红。新中国成立70周年，《我和我的祖国》的动人旋律传遍网络空间，一系列网上主题宣传突出展示中华人民共和国 70 年来的光辉历程；建党百年，全国主流媒体推出习近平总书记"七一"重要讲话网上重磅报道，从不同维度呈现我们党为中国人民谋幸福、为中华民族谋复兴的初心和使命，引发亿万中华儿女的强烈共鸣；北京冬奥，世界通过互联网这个窗口再次认识生机勃勃的中国，中国与世界同行，传统与现代激荡，科技与文化融合，网络传播尽显中国风采，也让世界见证了中国"言必信，行必果"的大国担当；如期打赢脱贫攻坚战、全面建成小康社会、统筹推进疫情防控和经济社会发展……一系列网上主题宣传和重要活动宣传深入开展，中国正能量"五个一百"网络精品征集评选展播活动精

2021 年 6 月 28 日，庆祝中国共产党成立 100 周年文艺演出《伟大征程》在北京国家体育场盛大举行。图为盛典仪式·歌曲《跟着共产党走》

图／视觉中国

彩纷呈，生动揭示了中国共产党为什么能、马克思主义为什么行、中国特色社会主义为什么好，让党的创新理论通过互联网"飞入寻常百姓家"，有力营造了强信心、聚民心、暖人心、筑同心的良好氛围。

坚持管得住是硬道理，让网络空间更加清朗

互联网日益成为意识形态斗争的主阵地、主战场、最前沿。近年来，互联网的社会动员功能日益增强，国际上一些势力通过操纵网络舆情、炮制谣言、裹挟民意，就可以让一个国家政局动荡、政权更迭，甚至战乱频仍，人民流离失所。

习近平总书记敏锐把握互联网在党和国家工作全局中的重要作用，高度重视网络意识形态工作，强调"必须旗帜鲜明、毫不动摇坚持党管互联网"。习近平总书记深刻指出，"在互联网这个战场上，我们能否顶得住、打得赢，直接关系我国意识形态安全和政权安全""要敢于担当、敢于亮剑，敢于站在风口浪尖上进行斗争，决不能含糊其词，更不能退避三舍"。

习近平总书记的重要讲话，为我们坚守舆论阵地、切实维护网络意识形态安全指明了前进方向、提供了根本遵循。

网上斗争形势一度严峻复杂，各路角色粉墨登场。一些别有用心之人以所谓"重新评价历史"为名，歪曲党史、国史、

三、彩云长在有新天

军史。有人借侮辱邱少云烈士进行恶意炒作，有账号发布侮辱抗美援朝志愿军英烈言论，甚至有青少年穿着侵华日军服装摆拍作秀，历史虚无主义阴魂不散，一次又一次刺痛国人的心，触碰中华民族精神的底线。

历史不容背叛，更不容亵渎。从全国人大常委会确定9月30日为烈士纪念日，到《中华人民共和国英雄烈士保护法》正式实施，从开展"清明祭英烈"主题活动，再到"清朗·整治网上历史虚无主义"专项行动，侮辱英烈、亵渎历史的恶行依法得到严惩，崇尚英雄、捍卫英雄、学习英雄、关爱英雄的氛围日渐浓厚，反对历史虚无主义日渐成为网民的自觉行为。

树欲静而风不止。敌对势力见不得中国的良好发展态势，大肆制造谣言，在涉疆、涉藏、涉港、涉台、涉疫情溯源等问题上妄图抹黑中国。针对这些攻击抹黑，主流媒体和正能量网络名人等积极发声，以充分的事实依据、丰富的表现形式、精准的传播路径，有理有利有节激浊扬清，不断营造良好思想舆论氛围，努力塑造可信、可爱、可敬的中国形象。

当前，我国网民规模超过10.32亿，互联网普及率达到73%。在由网络大国迈向网络强国的进程中，互联网治理规模之巨、难度之高、任务之重前所未有，需要网上网下齐用力，方方面面齐动手，共同构建网上美好精神家园。

"加强互联网内容建设，建立网络综合治理体系，营造清朗的网络空间"，这是党的十九大作出的重要战略部署。在全国网络安全和信息化工作会议上，习近平总书记强调："必须提高网络综合治理能力，形成党委领导、政府管理、企业履责、社会监督、网民自律等多主体参与，经济、法律、技术等多种手段相结合的综合治网格局。"2019 年 7 月 24 日，中央全面深化改革委员会第九次会议审议通过《关于加快建立网络综合治理体系的意见》，会议指出，要逐步建立起涵盖领导管理、正能量传播、内容管控、社会协同、网络法治、技术治网等各方面的网络综合治理体系。

守土有方、履责有力，才能走出一条齐抓共管、良性互动的新路。

网信系统进一步理顺互联网管理领导体制机制，积极发挥统筹协调作用，会同各有关部门推动形成"一张网""一盘棋"工作格局，深入治理、重拳打击网上乱象，整治网络环境。

互联网行业协会积极推进行业自律，发挥桥梁纽带作用，努力营造良好发展环境，推进网络诚信建设，倡导网络文明。

网信企业不断压实主体责任，积极守好网络治理的第一道关口和第一道防线，严格落实法律法规要求，更好地承担起社会责任和道德责任，努力实现健康有序发展。

广大网民积极参与营造良好网络生态，广泛传播正能量，自觉抵制网络谣言，网络素养进一步提升，对网络虚假信息、错误行为的鉴别和斗争能力有效增强。

"积力之所举，则无不胜也；众智之所为，则无不成也。"在各方的共同努力下，网络综合治理的效能正日益彰显。

互联网不是法外之地，必须在法治轨道上健康运行。党的十八大以来，我国网络空间法治建设快速推进，互联网内容建设与管理相关法律法规逐步健全。《中华人民共和国网络安全法》《中华人民共和国电子商务法》《中华人民共和国数据安全法》《中华人民共和国个人信息保护法》相继出台，《互联网新闻信息服务管理规定》《互联网信息内容管理行政执法程序规定》《网络信息内容生态治理规定》等相继发布实施，为强化网络执法明确了法律依据，为营造清朗网络空间提供了制度准绳。

"清朗"系列专项行动深入实施、成效显著，开展数十项专项治理，深入清理负面有害信息、违法违规账号与移动应用程序，赢得了网民的积极支持和充分肯定；持续推进"净网""剑网""护苗"等一系列专项整治，促进网络直播、微信公众号、电商购物、搜索引擎、社交互动等不同形式的互联网信息服务健康规范发展；坚决遏制算法滥用、"饭圈"乱象、文娱及热点排行乱象等网上违法违规行为和突出问题；防范资本无序扩张，为资本设置"红绿灯"……网络空间有法可依、有规可循，广大网民的合法权益得到有效保障。

坚持用得好是真本事，让网上网下形成同心圆

凡益之道，与时偕行。

2015年12月25日，新年前夕，习近平总书记前往解放军报社视察。视察期间，习近平总书记亲切看望了解放军报新媒体的工作人员，还坐到工位前，敲击键盘，发出了一条新媒体信息，瞬间引发全民瞩目和热烈反响。这一举动向全党全社会发出一个信号——全媒体时代已经到来。

明者因时而变，知者随事而制。当时，我国网民中使用手机上网人群占比高达90.1%，移动互联网已经成为信息传播主渠道。从"纸与笔""铅与火"，到"光与电""数与网"，谁能把握机遇、应对挑战，谁就能在历史大势中勇立潮头。

青少年是党和国家事业的未来，他们上了网，宣传思想工作的重点也要放在网上。在全国网络安全和信息化工作会议上，习近平总书记再次强调："要建设好青少年聚集的网络平台，创作更多青少年喜爱的网络文化产品，把要讲的道理、情理、事实用青少年易于接受的语言和方式呈现出来""要重视技术创新，在可视化呈现、互动化传播上做文章，用网民喜闻乐见的方式，使正面宣传的用户规模不断扩大、用户黏性不断增强"。

"Z世代"这个词在网络上悄然流行，通常是指1995年到

三、彩云长在有新天

2009 年出生的年轻人。作为成长在互联网时代的一代人，他们的世界观、人生观、价值观深受网络信息影响。习近平总书记明确要求，"宣传思想工作是做人的工作的，人在哪儿重点就应该在哪儿"。

2019 年 1 月 25 日，十九届中共中央政治局第十二次集体学习把"课堂"设在了媒体融合发展的第一线——人民日报社，围绕全媒体时代和媒体融合发展的主题进行学习。习近平总书记在主持学习时指出，要深刻认识全媒体时代的挑战和机遇，全面把握媒体融合发展的趋势和规律，并且明确提出推动媒体融合向纵深发展，加快构建融为一体、合而为一的全媒体传播格局的目标要求。

推动媒体融合发展、建设全媒体，这是重要而紧迫的时代命题。破题、解题，关键在于谋篇布局。习近平总书记明确指出要抓紧做好顶层设计，打造新型传播平台，建成新型主流媒体，扩大主流价值影响力版图。2018 年 11 月，中央全面深化改革委员会第五次会议审议通过《关于加强县级融媒体中心建设的意见》，要求推进融合发展，不断提高县级媒体传播力、引导力、影响力；2020 年 9 月，中共中央办公厅、国务院办公厅印发了《关于加快推进媒体深度融合发展的意见》，为媒体融合发展作出整体规划……

守正开新，气象万千。随着各大主流媒体在内容、渠道、手段、运营等方面进行大刀阔斧的改革，融合质变的新生态正在形成：人民日报社实行"融媒体工作室"机制，组建"学习小组""侠客岛"等融媒体工作室，创意活力涌现，精品内容频出；新华社深化构建以主流算法为引领的智能化技术体系，推进智能化工具全流程应用，进一步探索打造智能化编辑部新模式；中央广播电视总台下设融合发展中心、新闻新媒体中心、视听新媒体中心，重点打通三台资源，集中力量支撑融媒体建设……

网信技术为媒体融合创新发展提供了强劲动力，推动正能量赢得大流量、好声音成为最强音：人民网智慧党建系列产品采用 3D 成像与智能化视频讲解技术，让网友沉浸式体悟长征精神；新华媒体创意工场运用 XR 扩展现实拍摄、VR 绘画等技术，生动解读政府工作报告；中央广播电视总台使用"时间切片"技术将滑雪大跳台运动员从起飞到落地的过程完整呈现于一帧画面……

一批县级融媒体中心实践成绩亮眼：江苏邳州，借银杏之乡的特色打造"银杏融媒"品牌，为县级融媒发展提交了一份"邳州答卷"；甘肃玉门，成立"祁连云"数据融合中心，内容供给和政务服务双管齐下；山东章丘，将媒体服务、政务服务、民生服务、商务服务整合打包，化身人民群众的融媒管家……一处处创新实践，在基层一线生动写好媒体融合发展的大文章，为人民群众提供了更为便捷、更加优质的信息服务。

伴随互联网的飞速发展，网络文明日益成为社会主义精神文明建设的重要组成部分。"加强网络文明建设，发展积极健康的网络文化。"这是党的十九届五中全会的重要部署，也是人民群众的共同期盼。

2023 年 7 月 18 日，2023 年中国网络文明大会主论坛现场

图／中国网信网　李晓尹　摄

2021 年 11 月 19 日，首届中国网络文明大会在京开幕，习近平总书记发来贺信，指出"网络文明是新形势下社会文明的重要内容，是建设网络强国的重要领域"，要求"以时代新风塑造和净化网络空间，共建网上美好精神家园"。中共中央办公厅、国务院办公厅印发《关于加强网络文明建设的意见》，争做中国好网民工程、网络文明伙伴行动等一系列网络文明创建活动深入实施，社会主义核心价值观牢牢占据网上主流，人民群

众爱党爱国热情高涨，在网络空间广泛汇聚起向上向善的强大力量。

从 2012 年到 2022 年，整整十年过去，网络空间被动局面从根本上得到扭转。中国通过互联网发出了自己的声音，世界通过互联网读懂了一个新时代的中国。

这是极不平凡的十年——

网络空间主旋律高昂、正能量充沛，社会主义核心价值观深入人心、滋养网络空间，网络生态惠风和畅、天朗气清。

这是履机乘变的十年——

防范和化解一系列重大风险隐患，打赢了一系列网上重大斗争，互联网这个最大变量日益成为党和国家事业发展的最大增量。

这是日新月异的十年——

网络空间涌动着信息时代媒体融合发展的血液，创新产品迭出、成果丰硕，中国互联网发展不断造福人民群众。

回首过往，旌旗猎猎奔腾急。

这些重大决策和部署，无不体现百年大党在信息时代不变的执政为民的性质和宗旨。党的十八大以来，在以习近平同志为核心的党中央坚强领导下，网信战线切实履行举旗帜、聚民心、育新人、兴文化、展形象的使命任务，牢牢把握正确的政治方向、舆论导向和价值取向，不忘初心、牢记使命，撸起袖子加油干，唱响主旋律、打好主动仗，网络空间日渐清朗，互联网成为我们统一思想、凝聚人心的新阵地，广泛汇聚起实现中华民族伟大复兴的磅礴力量。

极目远望，彩云长在有新天。

2022 年是党的二十大召开之年，全国网信战线将深刻领会"两个确立"的决定性意义，进一步增强"四个意识"、坚定"四个自信"、做到"两个维护"，紧密团结在以习近平同志为核心的党中央周围，守正创新、奋楫争先，全力守护网上精神家园，为实现中华民族伟大复兴的中国梦贡献网信力量。

四

浪淘天地入东流

——关于信息化发展

无边波浪拍天来。

20世纪60年代以来，信息技术飞速发展，互联网应用加速普及，在全球范围内掀起了信息革命的发展浪潮。这是工业革命以来影响最为广泛和深远的历史变革，给人类生产生活方式乃至经济社会各个领域都带来了前所未有的深刻变化。

从新中国建设初期"一辆汽车、一架飞机、一辆坦克、一辆拖拉机都不能造"，到创造举世瞩目的社会主义现代化建设伟大成就，中国人民一路奋起直追、勇毅前行。在沧桑巨变中，中国大踏步赶上了时代，阔步迈入信息革命的历史进程。

当前，信息技术日益成为重塑世界竞争格局的重要力量，成为大国综合国力较量的制高点。曾经痛失工业革命机遇的中华民族，从未放弃攀登世界科技之巅的梦想，无论如何都不能与信息革命的历史机遇失之交臂。党的十八大以来，在以习近平同志为核心的党中央掌舵领航下，新时代的中国乘势而上、奋楫前行，在风云激荡的时代画卷上书写了信息化发展的精彩篇章。

勇立潮头逐浪高，牢牢把握千载难逢的信息革命历史机遇

2012年12月，习近平总书记在广东深圳调研考察时指出：

"现在人类已经进入互联网时代这样一个历史阶段，这是一个世界潮流"。

"时代"，对于共产党人来说，是一个具有重大理论和现实意义的词汇。在马克思主义经典作家看来，时代是世界范围内各种现象的总和，具有历史的必然性。认识和把握时代问题，是党和国家前瞻性思考、全局性谋划的前提和基础。

时代浪潮风起云涌，只有敏锐的智者才能率先感知。习近平总书记对历史阶段和世界潮流作出的重大判断，是长达几十年观察、思考和实践的成果。

早在 20 世纪 80 年代，时任正定县委书记的习近平同志就在思索信息时代给中国带来的历史机遇。当时改革开放才刚刚起步，习近平同志已经敏锐认识到信息工作的重要性。他指出："科技是关键，信息是灵魂。不重视信息工作，就如同'盲人骑瞎马，夜半临深池'，要尽快形成耳聪目明的'蛛网型'信息网。"

在计算机、互联网尚未广泛普及的世纪之交，习近平同志就深刻认识到信息化建设的重要意义。2000 年，时任福建省省长的习近平同志极具前瞻性和创造性地作出了建设"数字福建"的战略部署，提出了建设"数字化、网络化、可视化、智能化"的"数字福建"奋斗目标，由此开启了福建推进信息化建设的进程。这也是数字中国建设的思想源头和实践起点。

2003 年，时任浙江省委书记的习近平同志指出，要坚持以信息化带动工业化，以工业化促进信息化，加快建设"数字浙江"。习近平同志强调"干在实处、走在前列"，制定并实施"八八战略"，加快推进创新型省份和科技强省建设，打造了"百亿信息化建设"工程。

当前，新一轮信息革命浪潮催生全球范围的产业变革，科技创新进入空前密集活跃时期，信息化领域成为国家竞争的战略高地。

每一次科技革命和产业变革，都会对国家和社会产生巨大而深刻的影响。能否把握时代脉搏、顺应发展浪潮，事关民族、国家、政党的兴衰成败。习近平总书记指出："我国曾经是世界上的经济强国，后来在欧洲发生工业革命、世界发生深刻变革的时期，丧失了与世界同进步的历史机遇，逐渐落到了被动挨打的境地。特别是鸦片战争之后，中华民族更是陷入积贫积弱、任人宰割的悲惨状况。想起这一段历史，我们心中都有刻骨铭心的痛。"立足新的历史方位，习近平总书记敏锐指出："从社会发展史看，人类经历了农业革命、工业革命，正在经历信息革命""信息化为中华民族带来了千载难逢的机遇""没有信息化就没有现代化""我们必须抓住信息化发展的历史机遇，不能有任何迟疑，不能有任何懈怠，不能失之交臂，不能犯历史性错误"。

党的十八大以来，以习近平同志为核心的党中央牢牢把握信息革命的"时"与"势"，高度重视互联网、积极发展互联网、有效治理互联网，成立中央网络安全和信息化领导小组（后改为中央网络安全和信息化委员会），明确提出努力把我国建设成为网络强国的战略目标。习近平总书记站在信息时代发展大势和国内国际发展大局的高度，深刻分析新一轮信息革命带来的机遇和挑战，系统阐明了一系列方向性、全局性、根本性、战略性问题，对我国信息化发展作出全面部署。

从华北平原到八闽大地，从"数字福建""数字浙江"到网络强国、数字中国，在长期的地方和中央领导工作实践中，

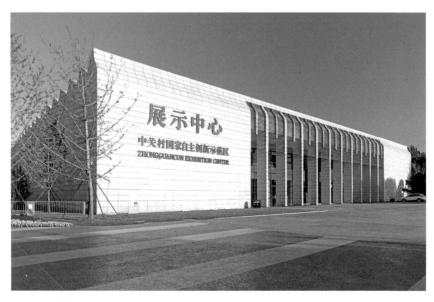

北京中关村国家自主创新示范区展示中心　　　　图／视觉中国

习近平总书记始终准确把握信息时代脉动、敏锐感受时代声音、科学回答时代命题。在习近平总书记关于网络强国的重要思想指引下，一幅网络强国、数字中国建设的宏伟画卷正在新时代的中华大地上徐徐展开，并日渐绽放异彩。

三千水击徙沧溟，从网络大国向网络强国阔步迈进

行之力则知愈进，知之深则行愈达。

2013年9月30日，正值国庆前夕，十八届中共中央政治局以实施创新驱动发展战略为题举行集体学习。

这次中央政治局集体学习的"课堂"，不在中南海，而是放在了北京的中关村。

这里是我国第一个国家级高新技术产业开发区、第一个国家自主创新示范区。习近平总书记仔细察看和了解情况，同企业负责人和科研人员深入交谈，询问增材制造、云计算、大数据、高端服务器、水处理、纳米材料、生物芯片、农作物精准生物育种、量子通信等技术的研发和应用情况。

习近平总书记在主持集体学习时发表了重要讲话，指出："即将出现的新一轮科技革命和产业变革与我国加快转变经济发展方式形成历史性交汇，为我们实施创新驱动发展战略提供了

难得的重大机遇。机会稍纵即逝，抓住了就是机遇，抓不住就是挑战。"

党的十八大以来，中央政治局多次围绕信息时代前沿问题进行集体学习，直接相关的就有近十次之多。

2016年10月9日，学习实施网络强国战略；2017年12月8日，学习实施国家大数据战略；2018年10月31日，学习人工智能发展现状和趋势；2019年1月25日，学习全媒体时代和媒体融合发展；2019年10月24日，学习区块链技术发展现状和趋势；2020年10月16日，学习量子科技研究和应用前景；2021年5月31日，学习加强我国国际传播能力建设；2021年10月18日，学习推动我国数字经济健康发展……

这种学习既是知识的交流，也是面向全党全民的宣介动员部署，引领推动我们这个曾面临"被开除球籍"危险的国家跃升为科技大国、创新大国，保持与时代的同频共振。当今世界，可以说很少有哪个国家的执政党，能像中国共产党这样主动适应信息革命潮流，重视互联网、发展互联网、治理互联网；很少有哪个国家的领导人，能像习近平总书记这样对信息社会发展大势有着高度敏锐性和深刻洞察力，对互联网有着如此深刻清醒的认识、长期深入的思考、科学系统的阐述。

2015年，国务院发布《关于积极推进"互联网+"行动的指导意见》，推动互联网创新成果与经济社会各领域的深度融合。

2016年，中共中央办公厅、国务院办公厅印发《国家信息化发展战略纲要》，从全局和战略高度指明了信息化发展的方向。

党的十九大报告在"加快建设创新型国家"部分，对建设网络强国、数字中国、智慧社会作出战略部署。

在以习近平同志为核心的党中央坚强领导下，网信系统坚持把握新发展阶段、贯彻新发展理念、构建新发展格局，加快建设网络强国、数字中国、智慧社会，以信息化推进国家治理体系和治理能力现代化，为经济社会高质量发展注入强劲动能。

大舸中流下，青山两岸移。

当前，信息化发展时代潮流与世界百年未有之大变局和中华民族伟大复兴战略全局发生历史性交汇，未来几十年，新一轮科技革命和产业变革将对人类社会发展产生深远影响。

潮流激荡，万泉奔涌。

中国人没有丝毫懈怠，在信息化领域逐渐实现从跟跑到并跑、领跑的转变。

——加快核心技术突破，抢占信息时代发展主动权、竞争主导权

早在2016年，习近平总书记就指出："互联网核心技术是我们最大的'命门'，核心技术受制于人是我们最大的隐患。"

信息技术迭代迅速，发展机遇稍纵即逝，实现核心技术自主创新是建设网络强国道路上的重要基石。习近平总书记深刻指出："只有把关键核心技术掌握在自己手中，才能从根本上保障国家经济安全、国防安全和其他安全。""核心技术是国之重器。要下定决心、保持恒心、找准重心，加速推动信息领域核心技术突破。"

移动通信是创新最活跃、渗透最广泛、带动最显著的高技术领域，对材料、芯片、器件、仪表等领域带动作用十分明显。

我国移动通信坚持国际化发展道路，以开放促竞争，以竞争促创新，从无到有、由弱到强，不断突破关键核心技术，实现 1G 空白、2G 跟随、3G 突破、4G 同步、5G 引领的重大跨越。

近年来，我国加大光通信、毫米波等基础技术研发力度，取得一批原创性成果。2018 年 6 月，3GPP 发布首个全功能 5G 标准，我国研究提出的服务化网络架构、统一空口架构、极化码、大规模天线等多项核心技术纳入 5G 国际标准，为全球移动通信发展贡献中国智慧。

目前，我国建成全球规模最大、性能最先进的 5G 网络，5G 基站总数达 161.5 万个，成为全球首个基于独立组网模式建设 5G 网络的国家。5G 创新应用不断涌现，涵盖交通、医疗、教育、文旅等诸多生活领域。

随着 5G 全球商用部署，6G 愿景需求、关键技术等研究也正在展开，泛在互联、普惠智能、全域覆盖、绿色低碳、内生安全等技术创新值得期待。

企业是创新的主体，是推动创新创造的生力军，也是创新成果的使用者、受益者。2018 年 4 月 26 日，习近平总书记来到武汉新芯集成电路制造有限公司等，察看公司研制的芯片、光纤等高科技产品，了解产品性能、国产化率、在国际同行业中的地位等情况。习近平总书记语重心长地对企业负责人说，具有自主知识产权的核心技术，是企业的"命门"所在。企业必须在核心技术上不断实现突破，掌握更多具有自主知识产权的关键技术，掌控产业发展主导权。

习近平总书记在地方考察中多次对企业创新提出殷切期望，无论是到重庆考察京东方光电科技有限公司，还是到济南高新区考察浪潮集团高端容错计算机生产基地，习近平总书记都强调创新的重要性，嘱托把创新搞上去。

近年来，我国紧紧牵住核心技术自主创新"牛鼻子"，集中资源力量加大前沿技术攻关力度，培育良好产业生态，强化政策支撑保障，积极构建以企业为主体、市场为导向、产学研深度融合的技术创新体系，基本形成了政策协同、上下联动、资源整合的工作格局。

在各方共同努力下，我国软件和集成电路技术加快发展，国产操作系统应用深入推进，大数据、云计算、人工智能、区块链等研究取得积极进展，量子通信、量子计算等领域实现原创性突破，世界超级计算机 500 强中上榜总数多年蝉联第一，光存储、基础软件、核心元器件等关键共性技术取得重要成果，部分领域形成全球竞争优势。

——加快推进新一代信息基础设施建设，打通经济社会发展的大动脉

数字信息基础设施是建设网络强国、数字中国的基石，已成为支撑全面建设社会主义现代化国家的战略性公共基础设施。习近平总书记对加快新型基础设施建设提出明确要求，强调"要加强战略布局，加快建设以 5G 网络、全国一体化数据中心体系、国家产业互联网等为抓手的高速泛在、天地一体、云网融合、智能敏捷、绿色低碳、安全可控的智能化综合性数字信息基础设施，打通经济社会发展的信息'大动脉'"。

近年来，我国加快完善数字信息基础设施体系，统筹推进5G、IPv6、数据中心、卫星互联网、物联网等建设发展，互联互通、共建共享、协调联动水平快速提升，为经济高质量发展提供有力支撑。IPv6 规模部署和应用取得突破性进展，IPv6 地址数量跃居全球第一，活跃用户数达 6.74 亿，固定网络 IPv6 流量占比达 10.59%，移动网络 IPv6 流量占比达 40.14%。数据已成为基础性战略资源和革命性关键要素，全国一体化大

数据中心体系完成总体布局设计，8 个国家算力枢纽节点进入具体施工期。工业互联网已经在 45 个国民经济大类中得到应用，全国"5G+ 工业互联网"在建项目总数达到 2400 个。北斗导航系统已在 20 多个国家开通高精度服务，总用户数超过 20 亿。

人们发现，数字"新基建"正在取代"铁公基"，成为东方大国的崭新名片。

顺应数字化、网络化、智能化、绿色化发展趋势，我国正在从互联网时代的"后来者"努力成为新一轮信息革命的"引领者"，通过适度超前布局建设数字信息基础设施，加快提升传统基础设施智能化水平，持续推动新型基础设施节能降耗，实现绿色高质量发展，更好支撑经济社会数字转型、智能升级、融合创新。

——大力发展数字经济，以信息化培育新动能，用新动能推动新发展

党的十八大以来，党中央高度重视发展数字经济，将其上升为国家战略。2018 年 4 月 20 日，在全国网络安全和信息化工作会议上，习近平总书记作出"网信事业代表着新的生产力和新的发展方向，应该在践行新发展理念上先行一步"的重要论断。这是对马克思主义生产力理论的重大发展创新，为网信工作指明了方向。

习近平总书记在十八届中共中央政治局第三十六次集体学习时强调要做大做强数字经济、拓展经济发展新空间，在十九届中共中央政治局第二次集体学习、2018 年中央经济工作会议等多个重要场合对发展数字经济进行了系统阐述。特别是在十九届中共中央政治局第三十四次集体学习时，习近平总书记强调发展数字经济是把握新一轮科技革命和产业变革新机遇的战略选择，对国家未来发展作出战略思考和宏伟布局。

当前，我国已经成为世界第二大经济体，过去那种主要依靠资源要素投入推动经济增长的方式显然是行不通的。伴随信息技术加速创新，数字经济发展速度之快、辐射范围之广、影响程度之深前所未有，正在成为重组全球要素资源、重塑全球经济结构、改变全球竞争格局的关键力量。

新常态要有新发展，新发展要有新动能。中国的数字经济呈现出蓬勃活力和无限潜能，未来可期，大有可为。

十年来，我国网民规模从 5.64 亿增加到 10.32 亿，互联网普及率从 42.1% 提升至 73.0%，连续 13 年位居世界第一，形成了世界上最大的数字社会。随着我国数字经济产业不断壮大，发展韧性显著增强，数字经济规模连续数年位居世界第二。我国网络支付用户规模超 9 亿，移动支付、无现金生活在中国随处可见。

有一次习近平总书记去欧洲访问，一位政要好奇询问："你们平常用手机支付吗？"仍然主要使用信用卡的欧洲人对中国移动支付的飞速发展感到吃惊，感慨"这件事简直不可思议"。

不可思议的还不止于此。截至 2021 年 12 月，我国网络购物用户规模达 8.42 亿，在线办公用户规模达 4.69 亿，在线医疗用户规模达 2.98 亿，网上外卖用户规模达 5.44 亿，网约车用户规模达 4.53 亿……数字化生活已经从科幻逐步成为现实。

从 18 世纪第一次工业革命的机械化，到 19 世纪第二次工业革命的电气化，再到 20 世纪第三次工业革命的信息化，一次次颠覆性的科技革新，带来社会生产力的大解放和生活水平的大跃升，从根本上改变了人类历史的发展轨迹。这一次，中国走在了时代前列。

只有顺应历史潮流，才能与时代同行。

互联网作为创新驱动发展的先导力量，正以前所未有的广度和深度变革着经济发展模式，与经济社会的融合度越来越高。"互联网 +"正在与各行各业发生"化学反应"，工业互联网、智慧农业等具有强大活力的应用不断浮出水面。数字技术和实体经济加快融合发展，制造业、服务业、农业的数字化、网络化、智能化持续升级，涌现出一批数字新产业、新业态、新模式，促进我国产业迈向全球价值链中高端。

近年来，我国积极实施"互联网 +"行动计划、国家大数据战略，促进数字技术和实体经济深度融合，推动数字化绿色化协同转型发展，数字产业化和产业数字化成效显著。不断优化数字经济发展环境，强化互联网领域反垄断和防止资本无序扩张，规范引导互联网企业健康有序发展。

——让互联网发展成果更好惠及人民群众，数字政府与数字社会建设持续推进

2022年4月19日，习近平总书记主持召开中央全面深化改革委员会第二十五次会议，强调要全面贯彻网络强国战略，把数字技术广泛应用于政府管理服务，推动政府数字化、智能化运行，为推进国家治理体系和治理能力现代化提供有力支撑。

加强数字政府建设，是创新政府治理理念和方式的重要举措。《2020联合国电子政务调查报告》显示，中国电子政务发展指数排名比2018年提升了20位，我国在线服务指数排名已迈入世界领先行列。在推进"互联网＋政务服务"的过程中，"百姓少跑腿，数据多跑路"的电子政务服务理念在全国推广，全国一体化政务服务平台实名用户超9亿，"一网通办""最多跑一次"广泛实践，电子政务已经成为国家治理体系和治理能力现代化的重要组成部分。

2020年3月31日，习近平总书记来到杭州城市大脑运营指挥中心，考察"数字杭州"建设情况。习近平总书记指出，通过大数据、云计算、人工智能等手段推进城市治理现代化，大城市也可以变得更"聪明"。当前，我国正在分级分类推进新型

智慧城市建设，从信息化到智能化再到智慧化，智慧城市建设前景广阔。

加快数字社会建设是推动现代化发展应有之义，是创造美好生活的重要手段。习近平总书记语重心长地指出："要适应人民期待和需求，加快信息化服务普及""让亿万人民在共享互联网发展成果上有更多获得感"。习近平总书记的殷殷嘱托，为深化信息便民惠民按下"快进键"。

2020年以来，面对突如其来的新冠疫情，以"健康码"为代表的数字抗疫让一个拥有14亿多人口的大国实现了疫情的精准防控。在实现脱贫攻坚和共同富裕的道路上，数字化是重要支撑和有力保障。数字技术持续助力我国城乡公共服务均等化，

2023年6月19日，内蒙古自治区锡林郭勒盟锡林浩特市，G331边的移动信号塔风光　　　　　　　　　　　　　图 / 视觉中国

全民数字素养与技能全面提升，中国数字化转型的脚步进一步加快。

风劲帆满海天阔，加强数字中国建设整体布局

2021年3月11日，十三届全国人大四次会议表决通过了关于《中华人民共和国国民经济和社会发展第十四个五年规划和2035年远景目标纲要》的决议，提出"加快数字化发展　建设数字中国"，在打造数字经济新优势、加快数字社会建设步伐、提高数字政府建设水平、营造良好数字生态等方面作出战略部署。

同年底，中央网络安全和信息化委员会印发《"十四五"国家信息化规划》，明确了未来的发展目标：到2025年，数字中国建设取得决定性进展，信息化发展水平大幅跃升，数字基础设施全面夯实，数字技术创新能力显著增强，数据要素价值充分发挥，数字经济高质量发展，数字治理效能整体提升。

通过规划前瞻部署，一锤接着一锤敲，是中国特色社会主义制度的巨大优势。《"十四五"国家信息化规划》成为未来五年开展信息化工作的任务书、责任状和路线图。

君行吾为发浩歌，鲲鹏击浪从兹始。

习近平总书记反复强调："中华民族伟大复兴绝不是轻轻松

松、敲锣打鼓就能实现的。"

当今世界正经历百年未有之大变局，新兴市场国家和发展中国家崛起速度之快前所未有，新一轮科技革命和产业变革带来的激烈竞争前所未有，全球治理体系与国际形势变化之大前所未有，新冠疫情冲击和地缘政治冲突带来的世界格局演变的不稳定性、不确定性前所未有。

近年来，美国悍然对我国发动贸易战，在舆论、科技、金融等领域动作频频，不遗余力打击中国，以莫须有的理由将数百家中国企业列入其所谓"实体清单"，横加制裁。

机遇与挑战并存，发展与风险共生。在以习近平同志为核心的党中央坚强领导下，中国顺应世界发展大势，带领中国人民，团结世界各国人民，有理有利有节开展伟大斗争。

2018 年习近平总书记在首届中国国际进口博览会开幕式发表主旨演讲指出："中国经济是一片大海，而不是一个小池塘。""狂风骤雨可以掀翻小池塘，但不能掀翻大海。经历了无数次狂风骤雨，大海依旧在那儿！"

2020 年，《中华人民共和国外商投资法》施行。这部新时代中国外商投资领域的基础性法律，向世界展示了中国开放大门越开越大的坚定决心。

2022 年，《区域全面经济伙伴关系协定》正式生效实施。15个成员国包括东盟十国和中国、日本、韩国、澳大利亚、新西兰，将成为全球规模最大的自贸区。

2022 年 4 月，《中共中央　国务院关于加快建设全国统一大市场的意见》正式发布，提出我国将从基础制度建设、市场设施建设等方面打造全国统一的大市场，明确要求建立健全数据安全、权利保护、跨境传输管理、交易流通、开放共享、安全认证等基础制度和标准规范，推动数据资源开发利用。

大国大市场的优势充分发挥，一片大海连接另一片大海，形成休戚与共的命运共同体。

我国着眼高水平对外开放，积极搭建数字领域双边、区域和国际合作平台，充分发挥世界互联网大会等主场平台作用。高质量共建"数字丝绸之路"，让数字化发展成果更好造福各国人民。维护和完善多边数字及经济治理机制，推动建立公正、合理、透明的治理体系和规则体系，携手构建网络空间命运共同体。

2021 年，习近平总书记在致世界互联网大会乌镇峰会的贺信中指出，要让数字文明造福各国人民。

"经天纬地曰文，照临四方曰明。"数字文明，带给人们对美好未来的无尽想象。

有西方学者预测："中国将引领第三次工业革命。"

尽管这只是一个乐观的预测，但我们完全应该有这样的信心。

在 2021 年世界互联网大会乌镇峰会上，中国网络空间研究院发布《世界互联网发展报告 2021》。报告称，当前美国和中国的互联网发展水平领先其他国家。一批亚洲经济体取得显著进步，显示了全球创新核心区域逐渐东移的趋势。

艨艟巨舰直东指，浪淘天地入东流。

在艰苦卓绝的奋斗历程中，无论形势如何变化，我们党都始终把握历史规律、掌握历史主动、抓住历史机遇，团结带领中国人民找到了实现中华民族伟大复兴的正确道路。

这十年，以习近平同志为核心的党中央引领信息化发展，推动我国关键核心技术不断突破，数字经济蓬勃发展，信息基础设施实现代际跨越，信息化发展成果惠及亿万民众，信息化持续成为推动经济社会高质量发展的新动能新引擎，实现网络强国、数字中国、数字政府、智慧社会的未来景象已经清晰可见。

东方红处升霞柱，怎见人间足壮观。

在习近平新时代中国特色社会主义思想特别是习近平总书记关于网络强国的重要思想指引下，在以习近平同志为核心的党中央坚强领导下，我们必将紧紧抓住千载难逢的历史机遇，牢牢掌握数字化变革历史主动，努力打造数字中国发展新优势，信心百倍地迎接新挑战新任务，为实现中华民族伟大复兴的中国梦提供强大信息化支撑。

造物鼎新开画图

——关于数字经济高质量发展

每于寒尽觉春生。

当今世界，百年变局加速演进，世纪疫情持续冲击，国际局势复杂动荡，各国发展都面临着新的问题和挑战。在全球经济复苏乏力的背景下，数字经济伴随信息革命浪潮快速发展、逆势上扬，如同一轮喷薄而出的旭日，呈现出无穷的生机活力，绽放出独特的时代光芒，引领着全球经济发展的方向。

风雪残留犹未尽，万派新潮海天碧。

放眼全球，互联网、大数据、云计算、人工智能、区块链等技术加速创新，日益融入经济社会发展各领域和全过程。数字经济发展速度之快、辐射范围之广、影响程度之深前所未有，正在成为重组全球要素资源、重塑全球经济结构、改变全球竞

位于合肥市的中国科学院量子信息与量子科技创新研究院量子中心大楼 图／视觉中国

争格局的关键力量。

党的十八大以来,以习近平同志为核心的党中央统筹中华民族伟大复兴战略全局和世界百年未有之大变局,准确把握中国经济发展的阶段性特征,深刻洞察数字经济发展趋势和规律,出台一系列重大政策、作出一系列战略部署,推动我国数字经济发展取得显著成就,为经济社会高质量发展注入强劲动能。

万马雷声从地涌,敏锐把握信息时代数字经济发展的战略机遇

科学认识当前形势,准确研判未来走势,是做好经济工作的基本前提。面对增长速度换挡期、结构调整阵痛期、前期刺激政策消化期"三期叠加"阶段,中国经济形势怎么看?经济工作怎么干?一时间,国内外议论之声不绝于耳。如何历史地、辩证地认识我国经济发展的特点和规律,是摆在我们面前的重大课题。

乱花渐欲迷人眼。

在历史的关口,至为宝贵的是"不畏浮云遮望眼"的前瞻视野和"乱云飞渡仍从容"的战略定力。

2014 年 5 月,习近平总书记在河南考察时,明确提出了

经济发展"新常态"的重大论断。习近平总书记指出:"我国发展仍处于重要战略机遇期,我们要增强信心,从当前我国经济发展的阶段性特征出发,适应新常态,保持战略上的平常心态。"

我国经济发展进入新常态,这是党中央综合分析世界经济长周期和我国发展阶段性特征及其相互作用作出的重大战略判断,是发展思路的重大调整,深刻揭示了我国经济呈现出"速度变化、结构优化、动力转换"的特点,经济发展方式正从规模速度型粗放增长转向质量效率型集约增长,经济结构正从增量扩能为主转向调整存量、做优增量并举的深度调整,经济发展动力正从传统增长点转向新的增长点。

理念是行动的先导。发展理念是发展思路、发展方向、发展着力点的集中体现。

2015 年 10 月,习近平总书记在党的十八届五中全会上提出了创新、协调、绿色、开放、共享的新发展理念,强调创新发展注重的是解决发展动力问题,协调发展注重的是解决发展不平衡问题,绿色发展注重的是解决人与自然和谐问题,开放发展注重的是解决发展内外联动问题,共享发展注重的是解决社会公平正义问题。习近平总书记鲜明指出:"坚持创新发展、协调发展、绿色发展、开放发展、共享发展,是关系我国发展全局的一场深刻变革。"

在这场深刻变革中，习近平总书记对网信事业高度重视、寄予厚望。在2016年召开的网络安全和信息化工作座谈会上，习近平总书记指出："网信事业代表着新的生产力、新的发展方向，应该也能够在践行新发展理念上先行一步。""按照新发展理念推动我国经济社会发展，是当前和今后一个时期我国发展的总要求和大趋势……我国网信事业发展要适应这个大趋势。""我国经济发展进入新常态，新常态要有新动力，互联网在这方面可以大有作为。"

2015年初冬，习近平总书记在浙江乌镇出席第二届世界互联网大会开幕式并发表主旨演讲。他向来自世界各地的嘉宾表示："我们愿意同各国加强合作，通过发展跨境电子商务、建设信息经济示范区等，促进世界范围内投资和贸易发展，推动全球数字经济发展。"

当时，"数字经济"对于很多人来说还是一个崭新的概念，习近平总书记对此却有着长期深入的思考和实践。2000年他在福建工作期间就提出建设"数字福建"，2003年在浙江工作期间又提出建设"数字浙江"，让数字化、信息化成为实现经济跨越式发展的重要引擎。

每当新的革命性技术出现，谁先拥抱新技术，谁就将赢得发展先机。发展数字经济，是其中的"关键一跃"。作为继农业经济、工业经济之后的主要经济形态，数字经济被认为是战略性新兴产业，是以数据资源为关键要素，以现代信息网络为主要载体，以信息通信技术融合应用、全要素数字化转型为重要推动力，促进公平与效率更加统一的新经济形态。

在引领和推动我国经济发展质量变革、效率变革、动力变革的历史进程中，习近平总书记基于对世界经济发展潮流的深刻洞察，基于对信息时代党和国家前途命运的深刻把握，基于对人民群众美好生活需要的深刻体悟，作出了发展数字经济的历史性决策。

2016年，在十八届中共中央政治局第三十六次集体学习时，习近平总书记作出重要部署，强调要做大做强数字经济、拓展经济发展新空间。

同年9月，二十国集团领导人聚首浙江杭州。习近平总书记首次提出发展数字经济的倡议，得到各国领导人和企业家的普遍认同和积极响应。

"发展数字经济意义重大，是把握新一轮科技革命和产业变革新机遇的战略选择。"2021年10月18日，十九届中共中央政治局就"推动我国数字经济健康发展"进行集体学习。

习近平总书记深刻阐释了发展数字经济的"三个有利于"，鲜明指出"数字经济健康发展，有利于推动构建新发展格局""有利于推动建设现代化经济体系""有利于推动构筑国家竞争新优势"。"当今时代，数字技术、数字经济是世界科技革命和产业变革的先机，是新一轮国际竞争重点领域，我们一定要抓住先机、抢占未来发展制高点。"这一重大判断，是对经济规律的深刻揭示，是放眼未来的高瞻远瞩，是开创新局的行动指引。

实践不断前进，指导实践的理论也必然要不断创新。

一切数字化发展的背后，都离不开数据。数据作为新型生产要素，被称为"信息时代的石油"，已成为一个国家重要的基础性、战略性资源。

"要构建以数据为关键要素的数字经济。"2017 年，习近平总书记在十九届中共中央政治局第二次集体学习时，突出强调了数据在发展数字经济中的重要性。党的十九届四中全会首次提出将数据作为生产要素参与分配。2020 年 3 月，《中共中央国务院关于构建更加完善的要素市场化配置体制机制的意见》（以下简称《意见》）印发实施。作为中央层面第一份关于要素市场化配置的文件，《意见》将数据与土地、劳动力、资本、技术等相并列，提出要加快培育数据要素市场，推进政府数据开放共享，提升社会数据资源价值，加强数据资源整合和安全保护。

将数据作为生产要素，这是一个重大的理论突破，为发展数字经济提供了重要指引，对于引导各类要素协同向先进生产力聚集，加快完善社会主义市场经济体制具有重大而深远的意义。

2023 年 7 月 7 日，观众在北京 2023 全球数字经济大会精品主题展上
参观派样机展台　　　　　　　　　　　　　　　图／视觉中国

　　回首新时代走过的十年，以习近平同志为核心的党中央高度重视发展数字经济，将其上升为国家战略。习近平总书记多次发表重要讲话，深刻阐述了数字经济发展的趋势和规律，科学回答了为什么要发展数字经济、怎样发展数字经济的重大理论和实践问题，为中国数字经济发展指明了前进方向、提供了根本遵循。在习近平总书记关于网络强国的重要思想指引下，《网络强国战略实施纲要》《数字经济发展战略纲要》等重大战略规划出台实施，构建了从顶层设计、战略部署到具体措施的政策支持体系，形成了推动数字经济发展的强大合力，激发了我国数字经济发展的蓬勃活力。

新晴尽放峰峦出，不断做强做优做大我国数字经济

从 1987 年"跨越长城，走向世界"——一封只有 8 个字的电子邮件由北京发出，到 1994 年中国全功能接入国际互联网，再到我国数字经济发展乘风而起、日新月异，涓涓细流汇成奔腾不息的滔滔江河，为中国经济转型升级和蓬勃发展注入不竭动力。

党的十八大以来，我国加快建设网络强国、数字中国、智慧社会，从国家层面部署推动数字经济发展，取得显著成就。从 2012 年到 2021 年，我国数字经济规模从 11 万亿元增长到 45.5 万亿元，数字经济占国内生产总值比重由 21.6% 提升至 39.8%。我国数字经济规模连续多年位居全球第二，其中电子商务交易额、移动支付交易规模位居全球第一，一批网信企业跻身世界前列，新技术、新产业、新业态、新模式不断涌现，推动经济结构不断优化、经济效益显著提升。在数字经济的驱动引领下，中国经济正阔步迈向高质量发展。

——关键核心技术取得新突破，新型基础设施建设不断加强

关键核心技术是国之重器。习近平总书记谆谆嘱托，要像当年攻克"两弹一星"一样，集中力量攻克"卡脖子"的关键

核心技术。

"建设网络强国，要有自己的技术，有过硬的技术""互联网核心技术是我们最大的'命门'，核心技术受制于人是我们最大的隐患"，要"牵住数字关键核心技术自主创新这个'牛鼻子'，发挥我国社会主义制度优势、新型举国体制优势、超大规模市场优势，提高数字技术基础研发能力，打好关键核心技术攻坚战，尽快实现高水平自立自强，把发展数字经济自主权牢牢掌握在自己手中"……习近平总书记的重要论述，饱含着深沉的忧患意识，展现出宏阔的战略视野，既是明确要求，也是殷切期待。

福州经济技术开发区是我国首批 14 个经济开发区之一。开发区引进一大批龙头骨干企业，其中的新大陆科技集团是一家以数字技术为主业的高科技企业。创业之初，时任福州市委书记的习近平同志就嘱托新大陆科技集团要坚持创新、坚持实业。

2014 年，习近平总书记在福建考察期间再次来到新大陆科技集团，看到这家企业不断发展壮大，习近平总书记十分高兴。他感慨地说："看到企业从小到大，成长为综合高技术企业，今天身临其境，感慨颇多。这充分证明了一个道理，那就是，走创新之路是我们国家、也是我们每个企业发展的必由之路。"

十年来，在以习近平同志为核心的党中央掌舵领航下，我国信息领域核心技术创新取得了一系列突破性进展。

集成电路、基础软件、工业软件等关键核心技术的协同攻关力度持续加大，基础性、通用性技术研发实现创新突破，5G、量子信息、高端芯片、高性能计算机、操作系统、工业互联网及智能制造等领域取得一批重大科技成果。

九层之台，起于垒土。

信息基础设施是数字经济发展的前提和基础。习近平总书记强调，要加强战略布局，加快建设以 5G 网络、全国一体化数据中心体系、国家产业互联网等为抓手的高速泛在、天地一体、云网融合、智能敏捷、绿色低碳、安全可控的智能化综合性数字信息基础设施，打通经济社会发展的信息"大动脉"。目前，我国已建成全球规模最大的光纤宽带和 5G 网络。截至 2022 年 5 月底，5G 基站数达到 170 万个，5G 移动电话用户超过 4.2 亿。

2022 年 2 月，国家发展改革委、中央网信办、工业和信息化部、国家能源局联合印发通知，"东数西算"工程正式全面启动。《2021—2022 全球计算力指数评估报告》显示，计算力指数平均每提高 1 个点，对数字经济会有 3.5‰的贡献，对 GDP 将有 1.8‰的推动。这一战略举措将为中国数字经济迈上新台阶提供有力支撑。

——加快数字产业化和产业数字化步伐，推动数字经济和实体经济深度融合

在 2018 年召开的全国网络安全和信息化工作会议上，

习近平总书记对数字产业化和产业数字化作出深刻阐释，强调"要加快推动数字产业化，发挥互联网作为新基础设施的作用，发挥数据、信息、知识作为新生产要素的作用，依靠信息技术创新驱动，不断催生新产业新业态新模式，用新动能推动新发展。""要推动产业数字化，利用互联网新技术新应用对传统产业进行全方位、全角度、全链条的改造，提高全要素生产率，释放数字对经济发展的放大、叠加、倍增作用。"

习近平总书记在地方考察时，也多次强调要抓紧布局数字经济等战略性新兴产业。2021年4月，习近平总书记考察广西壮族自治区时指出，要推动传统产业高端化、智能化、绿色化，推动全产业链优化升级，积极培育新兴产业，加快数字产业化和产业数字化。

近年来，我国促进数字技术和实体经济深度融合，推动数字化绿色化协同转型发展，数字产业化和产业数字化成效显著。"十三五"期间，中国数字经济年均增速超过16.6%，在线教育、远程医疗、网上订餐等需求快速增长，人工智能等数字技术为教育、医疗、养老等行业赋能，持续迸发创新发展活力。

同时，制造业、农业、服务业等领域也正在加快实现数字化、网络化、智能化。截至2022年2月，我国工业互联网平台服务企业数量超过160万家，重点领域规模以上工业企业关键工序数控化率、数字化研发设计工具普及率分别达到55.3%和

74.7%，协同研发设计、数字工厂、智慧矿山等新场景、新模式、新业态蓬勃兴起。

——坚定不移支持网信企业做大做强，促进数字经济规范有序发展

"发展数字经济，离不开一批有竞争力的网信企业。""要推动互联网、大数据、人工智能同产业深度融合，加快培育一批'专精特新'企业和制造业单项冠军企业。"习近平总书记一直关心网信企业的发展。

2016年，在网络安全和信息化工作座谈会上，习近平总书记语重心长地对与会同志提出："让企业持续健康发展，既是企业家奋斗的目标，也是国家发展的需要。""企业要承担企业的责任，党和政府要承担党和政府的责任，哪一边都不能放弃自己的责任。"

2018年，习近平总书记在辽宁考察时强调，改革开放以来，党中央始终关心支持爱护民营企业。我们毫不动摇地发展公有制经济，毫不动摇地鼓励、支持、引导、保护民营经济发展。

2020年夏天，全国抗疫斗争取得重大战略成果，经济社会运行有序恢复。习近平总书记主持召开企业家座谈会时指出，"一是同大家谈谈心，二是给大家鼓鼓劲，三是听听大家对当前经济形势、'十四五'时期企业改革发展的意见和建议"。

这是一场关键时刻鼓舞人心的座谈会，企业家们倾心而谈。

习近平总书记勉励大家，大疫当前，百业艰难，但危中有机，唯创新者胜。一句句温暖人心的话语，一条条指引方向的举措，让企业吃下"定心丸"，踏实办企业、安心谋发展。

目前，全国数字经济相关企业超 1600 万家，仅 2021 年就新增数字经济相关注册企业 710 余万家，中国数字经济正迎来新的爆发期。

伴随着数字经济的快速发展，一些新情况新问题也不断涌现，侵害个人隐私、侵犯知识产权、网络犯罪等时有发生，算法滥用、平台垄断、数据泄露等问题依然突出，网络监听、网络攻击、网络恐怖主义活动等成为全球公害……这是数字治理的重要议题，也是必须答好的"时代之问"。规范与发展，成为数字经济的"两翼"。

习近平总书记高度重视数字经济的健康有序发展，强调"要坚定不移支持网信企业做大做强，也要加强规范引导，促进其健康有序发展。""要坚持促进发展和监管规范两手抓、两手都要硬，在发展中规范、在规范中发展。""要健全法律法规和政策制度，完善体制机制，提高我国数字经济治理体系和治理能力现代化水平。"

近年来，网络安全法、数据安全法、个人信息保护法等一系列法律法规陆续出台，我国数字经济领域立法步伐加快，政策制度体系不断完善，数字经济发展环境逐步优化，诚信守法的良好氛围日渐形成，为推动互联网企业健康有序发展提供了有力服务、支撑和保障。

——加强数字经济务实合作，让数字文明造福各国人民

"中国愿同世界各国一道，共同担起为人类谋进步的历史责任，激发数字经济活力，增强数字政府效能，优化数字社会环境，构建数字合作格局，筑牢数字安全屏障，让数字文明造福各国人民，推动构建人类命运共同体……"习近平总书记的倡议日渐成为引领数字经济高质量发展的全球共识。这份充满中国智慧的中国方案，传递出负责任大国的勇毅担当。

中国的发展离不开世界，世界的繁荣也需要中国。

2022年2月，习近平总书记专门会见来华出席北京冬奥会开幕式的外国领导人。发展数字经济，加强务实合作，成为习近平总书记会谈话题的高频词。

在博鳌亚洲论坛2022年年会开幕式上，习近平总书记引用亚洲国家谚语，"遇山一起爬，遇沟一起跨""甘蔗同穴生，香茅成丛长"，强调"共赢合作是亚洲发展的必由之路"。年会上，与会各方着眼于疫情后的全球经济复苏与合作，探讨推进全球经济可持续发展，数字经济成为关注焦点。各方纷纷表示"发展数字经济已经成为全球共识""数字经济为全球经济发展注入新活力""数字经济等新业态的兴起拓宽了服务贸易的边界"……

从签署《二十国集团数字经济发展与合作倡议》，到实施

《区域全面经济伙伴关系协定》，从推动同更多国家和地区商签高标准自由贸易协定，到推进加入《全面与进步跨太平洋伙伴关系协定》和《数字经济伙伴关系协定》，从搭建进博会、世界互联网大会等多方合作平台，到推动建设"数字丝绸之路"、发展跨境电子商务等，习近平总书记始终着眼中国人民和世界人民的共同利益，推动构建人类命运共同体特别是网络空间命运共同体，让互联网发展成果惠及世界各国人民。

如椽巨笔著华章，推动数字经济更好服务和融入新发展格局

习近平总书记在充分肯定数字经济发展成就的同时，也深刻指出："我们要看到，同世界数字经济大国、强国相比，我国数字经济大而不强、快而不优。"从发展实际来看，我国数字经济发展还存在不少短板和弱项。比如，关键领域创新能力不足，产业链供应链受制于人的局面没能根本改变；不同行业、不同区域、不同群体间数字鸿沟尚未有效弥合，甚至有进一步扩大趋势；数据资源规模庞大，但价值潜力还没有充分释放；数字经济治理体系需进一步完善，专业人才依然缺乏；等等。

2021年3月12日，《中华人民共和国国民经济和社会发展

第十四个五年规划和 2035 年远景目标纲要》对外公布。打造数字经济新优势作为一章专门列出，明确提出要"充分发挥海量数据和丰富应用场景优势，促进数字技术与实体经济深度融合，赋能传统产业转型升级，催生新产业新业态新模式，壮大经济发展新引擎"。

随后，《"十四五"国家信息化规划》《"十四五"信息化和工业化深度融合发展规划》《"十四五"软件和信息技术服务业发展规划》《"十四五"大数据产业发展规划》等制定印发。

2022 年 1 月，国务院印发《"十四五"数字经济发展规划》，提出到 2025 年，数字经济核心产业增加值占国内生产总值比重达到 10%，数据要素市场体系初步建立，产业数字化转型迈上新台阶，数字产业化水平显著提升，数字化公共服务更加普惠均等，数字经济治理体系更加完善。这一发展规划，为中国数字经济创新发展描绘了宏伟蓝图，提供了强有力的政策支撑。

当前，中央网信办正在积极推动数字中国建设整体布局，坚持以数据资源为核心，以数字基础设施为支撑，以数字技术为驱动，以数字治理和数字安全为保障，将数字化发展全面融入"五位一体"总体布局，推动建设高质量的数字经济、高效协同的数字政府、自信繁荣的数字文化、普惠包容的数字社会、绿色智慧的数字生态文明，以体制机制改革整体驱动生产、生活、治理方式数字化变革。

2023年4月27日，第六届数字中国建设峰会在福建省福州市开幕

图 / 新华社记者　姜克红　摄

　　一幅数字经济高质量发展的恢宏图卷正在中华大地上加速铺展开来。

　　春暖鱼龙化蛰雷，满林春笋生无数。

　　从繁华城市到山区小镇，从低沟深海到高原珠峰，一项项新技术落地应用，一个个新业态、新模式孕育生成，一批世界级的网信企业惊艳亮相，一批大数据交易所鸣锣开张……数字经济发展大潮澎湃，龙跃浩荡，鹏飞寥廓，巨鳌冠山，长鲸腾海。

　　从北京后厂村路到深圳深南大道，从天津智能码头到西部边陲智能海关，从云工厂到智能制造车间，从奔忙的快递小哥到咖啡馆里的创业者、工程师，中华大地上正共同鸣奏数字经济高质量发展的盛世交响。

"革，去故也；鼎，取新也。"

正如习近平总书记要求的，"以'鼎新'带动'革故'，以增量带动存量，促进我国产业迈向全球价值链中高端。"

新时代走过的十年，在以习近平同志为核心的党中央坚强领导下，我国科学部署数字经济发展，互联网、大数据、人工智能等技术加速创新，数字产业化和产业数字化"双轮驱动"，数字经济和实体经济深度融合，我国数字经济正从消费互联网向产业互联网演进，为中国经济插上了腾飞的翅膀。尤其是新冠疫情发生以来，数字经济在应对世纪疫情、助力产业复苏、保障民生福祉中发挥着重要作用，成为有效推动经济高质量发展的新动能和新引擎。

造物鼎新开画图，万瀑齐飞又一奇。

2012年，我国网民规模达到5.64亿，互联网普及率为42.1%，其中手机网民规模为4.2亿。这一年，手机首次超过台式电脑成为上网第一终端，开启了移动互联网时代。十年发展，十年跨越。截至2021年12月，我国网民规模为10.32亿，互联网普及率达73.0%。在这个拥有全世界最为庞大数字社会的东方国度，数字经济日益彰显出巨大的发展潜力和无穷的创新活力，必将为中国经济的未来增添更加绚丽的图景，必将为中国在全球新一轮产业竞争中抢占制高点提供更加强劲的动能。

翼举长云之纵横，晴山沓兮万里新。

面向新时代新征程，网信战线将深入学习贯彻习近平新时代中国特色社会主义思想特别是习近平总书记关于网络强国的重要思想，更加紧密地团结在以习近平同志为核心的党中央周围，把握新发展阶段、贯彻新发展理念、构建新发展格局，抢抓新一轮科技革命和产业变革新机遇，不断做强做优做大数字经济，助力经济社会高质量发展，为实现第二个百年奋斗目标、实现中华民族伟大复兴的中国梦而努力奋斗。

青山着意化为桥

——关于新时代网络国际传播

万古江河，奔腾如斯。

中华民族是世界上伟大的民族，有着5000多年源远流长的文明历史，为人类文明进步作出了不可磨灭的贡献。近代以后，中国逐步成为半殖民地半封建社会，国家蒙辱、人民蒙难、文明蒙尘，国家命运跌入谷底，民族危亡悬于一线。

一百多年前，嘉兴南湖的红船劈波起航，历史选择了中国共产党，点亮了中华民族的复兴之光。百年砥砺前行，百年奋发图强，中国共产党人团结带领亿万人民创造了中华民族发展史上的伟大奇迹，中国大踏步赶上了时代。

鲲鹏展翅九万里，风雷激荡耳边生。

经过全党全国各族人民持续奋斗，我们实现了第一个百年奋斗目标，在中华大地上全面建成了小康社会，历史性地解决了绝对贫困问题，正在意气风发向着全面建成社会主义现代化强国的第二个百年奋斗目标迈进。中华民族迎来了从站起来、富起来到强起来的伟大飞跃，实现中华民族伟大复兴进入了不可逆转的历史进程。

随着中国综合国力和国际地位不断提升，中国对世界的影响，从未像今天这样全面、深刻而长远；世界对中国的关注，从未像今天这样广泛、深切而聚焦。

落后就要挨打，贫穷就要挨饿，失语就要挨骂。经过几代人不懈奋斗，"挨打""挨饿"的问题已经基本得到解决，但"挨骂"

的问题还没有得到根本解决。当中国日益走近世界舞台的中央，加强国际传播能力建设，形成同我国综合国力和国际地位相匹配的国际话语权，已经成为摆在我们面前的一道"必答题"。

党的十八大以来，习近平总书记以马克思主义政治家、思想家、战略家的恢宏视野和战略思维，深刻把握信息时代国际传播规律，统筹内宣外宣，打通网上网下，提出一系列新思想新观点新论断，科学回答中国之问、世界之问、人民之问、时代之问，指引我国国际传播工作构建新格局、开辟新境界、取得新成就，中华文化走出去不断走深走实，互联网日益成为我国和世界各国人民民心相通的桥梁和纽带，我国国际话语权和影响力显著提升。

砥砺前行风正劲，敏锐把握时代变革趋势，全面加强和改进国际传播工作

2013 年 8 月 19 日至 20 日，全国宣传思想工作会议在北京召开，习近平总书记出席会议并发表重要讲话。习近平总书记深刻指出："要精心做好对外宣传工作，创新对外宣传方式，着力打造融通中外的新概念新范畴新表述，讲好中国故事，传播好中国声音。"

同年 12 月，十八届中共中央政治局就提高国家文化软实力

研究进行第十二次集体学习。习近平总书记在主持学习时强调：
"要加强国际传播能力建设，精心构建对外话语体系，发挥好新
兴媒体作用，增强对外话语的创造力、感召力、公信力，讲好
中国故事，传播好中国声音，阐释好中国特色。"

面向新时代，一系列聚焦国际传播能力建设的重大决策部
署相继展开。2013 年，党的十八届三中全会审议通过的《中共
中央关于全面深化改革若干重大问题的决定》指出要构建多元
协同的外宣体制，提出"坚持政府主导、企业主体、市场运作、
社会参与，扩大对外文化交流"；2016 年，"加强国际传播能力
建设"写入"十三五"规划；2017 年，党的十九大报告指出"推
进国际传播能力建设，讲好中国故事，展现真实、立体、全面
的中国，提高国家文化软实力"；2021 年，"十四五"规划和
2035 年远景目标纲要提出要"创新推进国际传播"……

当今时代，以互联网为代表的新一轮科技革命和产业变革
蓬勃兴起。习近平总书记敏锐把握信息时代发展大势，深刻指
出："当今世界，谁掌握了互联网，谁就把握住了时代主动权；
谁轻视互联网，谁就会被时代所抛弃。一定程度上可以说，得
网络者得天下。"

从山水阻隔、鸿雁传书，到人类社会变成鸡犬相闻的地球
村，互联网开启了信息时代国际沟通交流的崭新篇章，既为中
国提高国际话语权和影响力开辟了新场域，也为中国人民与世

界各国人民深入交流提供了新契机。

2015年12月16日，习近平总书记在第二届世界互联网大会上发表重要讲话，向世界阐明了中国关于互联网传播的立场主张："互联网是传播人类优秀文化、弘扬正能量的重要载体。中国愿通过互联网架设国际交流桥梁，推动世界优秀文化交流互鉴，推动各国人民情感交流、心灵沟通。"

一桥飞架，关山不远。

随着云计算、大数据、人工智能等新技术快速发展，各种新应用新业态不断涌现，在全球范围推动着思想、文化、信息的传播、共享和激荡，互联网推动国际传播格局发生深刻变革，对我国国际传播能力建设提出了新要求。

2021年5月，一场围绕"加强我国国际传播能力建设"的集体学习在中南海举行，这是中央层面就国际传播问题召开的专门性会议。"必须加强顶层设计和研究布局，构建具有鲜明中国特色的战略传播体系"，习近平总书记的话语掷地有声、一锤定音。

习近平总书记强调："要深刻认识新形势下加强和改进国际传播工作的重要性和必要性，下大气力加强国际传播能力建设，形成同我国综合国力和国际地位相匹配的国际话语权，为我国改革发展稳定营造有利外部舆论环境，为推动构建人类命运共同体作出积极贡献。"

党的十八大以来，习近平总书记深刻把握信息时代国际传播格局发展趋势，亲自擘画构建具有鲜明中国特色战略传播体系蓝图，作出推进国际传播能力建设的重大战略部署，科学回答了为什么要推进国际传播能力建设、怎样推进国际传播能力建设等重大理论和实践问题，为新时代加强和改进国际传播工作指明了前进方向、提供了根本遵循。

潮起东方万象新，努力讲好中国故事，展现真实、立体、全面的中国

在世界百年未有之大变局的时代背景下，中国与世界的关系正站在新的历史起点上。世界需要了解中国，中国需要被世界理解。

"讲好中国故事，传播好中国声音，向世界展现一个真实的中国、立体的中国、全面的中国"，习近平总书记生动形象地指出了加强国际传播能力建设的重要任务，为做好新时代国际传播工作提供了重要的方法论指引。

——加快构建中国话语和中国叙事体系

习近平总书记强调："要加快构建中国话语和中国叙事体系，用中国理论阐释中国实践，用中国实践升华中国理论，打造融通中外的新概念、新范畴、新表述，更加充分、更加鲜明

地展现中国故事及其背后的思想力量和精神力量。"

讲好中国故事，习近平总书记是倡导者，也是践行者。以元首外交为引领，新时代的中国特色对外传播阔步向前，"构建人类命运共同体"、"一带一路"倡议等传播到世界各地，在国际社会引发热烈反响。以中国梦为核心的文化符号向世界传递中国价值，"中国式现代化道路""人类文明新形态""脱贫攻坚""全过程人民民主""共同富裕"等一批融通中外的新概念、新范畴、新表述传播开来，国内外研究不断深入，成为中国对人类文明的新贡献……

中国立场、国际表达，习近平总书记的话语独具魅力、风格鲜明。党的十八大以来，无论是元首会晤、出访演讲，还是接受国外记者采访，习近平总书记用一个个融通中外、贯通古今的新概念、新范畴、新表述，传达治国思想、阐述中国理念，深刻展现了 5000 多年中华文明的深厚底蕴，充分彰显了大国领袖的睿智思考和博大胸襟。

面对"输出中国模式"猜疑，习近平总书记曾在一场中外记者见面会上援引诗句"不要人夸颜色好，只留清气满乾坤"；在中国共产党与世界政党高层对话会上，习近平总书记明确表态，"我们不'输入'外国模式，也不'输出'中国模式，不会要求别国'复制'中国的做法"……

面对"中国威胁论"，在俄罗斯圣彼得堡，习近平总书记同时任德国总理默克尔深入交谈，巧喻"牛顿力学三定律"，强调要把握合作"惯性"、提升合作"加速度"、减少"反作用力"；在瑞士日内瓦，习近平总书记以瑞士军刀作喻，阐述用一个个工具解决人类遇到的问题；在中国北京，习近平总书记描绘"一带一路"建设合作蓝图，希望让昔日"流淌着牛奶与蜂蜜的地方"再次为沿线人民带来福祉……

格鲁吉亚籍留学生奈丽在浙江义乌国际商贸城拍摄格鲁吉亚进口商品视频
图／视觉中国

　　质朴的语言、生动的故事、历史的视野、哲学的思辨，让世界进一步读懂中国共产党、读懂中国道路，也更加清晰地认识到中国为世界和平发展和人类文明进步作出的贡献。

——广泛宣介中国主张、中国智慧、中国方案

面对百年变局下"世界怎么了""人类向何处去"的重大命题，习近平总书记身体力行在各种国际场合阐述中国主张，提出中国方案。

"这个世界，各国相互联系、相互依存的程度空前加深，人类生活在同一个地球村里，生活在历史和现实交汇的同一个时空里，越来越成为你中有我、我中有你的命运共同体。"2013年3月，习近平总书记在莫斯科国际关系学院发表演讲时，首次提出了"人类命运共同体"理念。

人类命运共同体理念贯穿着习近平总书记对于人类和平发展的深刻思考。从世界互联网大会到华盛顿核安全峰会、金砖国家领导人会晤……习近平总书记提出共同构建"网络空间命运共同体""核安全命运共同体""海洋命运共同体""人类卫生健康共同体"等理念主张，人类命运共同体理念内容日臻丰富，体现了大国领袖对世界前途命运的高度关切，引发强烈国际反响。

自2014年起，《习近平谈治国理政》面向海内外多语种出版发行，海内外发行量不断刷新纪录。秘鲁前总统库琴斯基、印度共产党（马克思主义）总书记西塔拉姆·亚秋里等政要将其摆在案头；坦桑尼亚的执政党和政府高级官员人手一册；柬埔寨以国家名义举办专题研讨会；法国前总理拉法兰在2015年

博鳌亚洲论坛期间，特意请习近平总书记在这本书上签名……

《习近平谈治国理政》、纪录片《习近平治国方略》《习近平的故事》等为国际社会观察和感知当代中国打开了一扇扇"思想之窗"，让世界更好地理解中国发展奇迹背后的思想动力、理论指引、实践案例。中国思想、中国价值、中国理念在全世界广泛传播。

与君远相知，不道云海深。

近年来，习近平总书记亲自指挥、亲自参与，让"云外交"成为元首双多边活动的重要形式。

2021年7月6日，在党的百年华诞之际，中国共产党与世界政党领导人峰会以视频连线方式举行。此次会议以"为人民谋幸福：政党的责任"为主题，习近平总书记同来自160多个国家的500多个政党和政治组织等领导人、逾万名政党和各界代表共聚"云端"，发表重要演讲，探讨"为人民谋幸福与政党的责任"重大命题。

这是中国共产党迄今主办的规格最高、规模最大的全球性政党峰会，大会让很多国外政党更加深刻地认识到中国共产党是真正为中国人民谋幸福而奋斗的，也进一步了解中国共产党为什么能、马克思主义为什么行、中国特色社会主义为什么好。

2020年，习近平总书记以"云外交"的方式同外国领导人和国际组织负责人会晤、通话87次，出席22场重要双多边活动。2021年，习近平总书记先后40次以视频形式出席重大外事活动。

中国声音、中国方案、中国主张通过"云端"传向世界，如一颗颗种子播撒到四海八方。

——着力打造具有国际影响力的媒体集群

传播力决定影响力，话语权决定主动权。

习近平总书记审时度势、运筹帷幄，着眼外宣工作战略布局，对打造具有国际影响力的媒体集群提出明确要求。2016年2月19日，习近平总书记主持召开党的新闻舆论工作座谈会并发表重要讲话。习近平总书记将"联接中外、沟通世界"作为党的新闻舆论工作的一项重要职责使命，强调"要加强国际传播能力建设，增强国际话语权，集中讲好中国故事，同时优化战略布局，着力打造具有较强国际影响的外宣旗舰媒体。"

2016年11月5日，习近平总书记在致新华社建社85周年的贺信中，对新华社提出要打造"新型世界性通讯社"的要求；2018年6月15日，在致人民日报创刊70周年的贺信中要求"讲好中国故事，构建全媒体传播格局"；同年9月26日，在致中央电视台建台暨新中国电视事业诞生60周年的贺信中提出，"统筹广播与电视、内宣和外宣、传统媒体和新兴媒体，加强国际传播能力建设""打造具有强大引领力、传播力、影响力的国际一流新型主流媒体"……

凡益之道，与时偕行。

2019年1月25日，十九届中共中央政治局就全媒体时代和媒体融合发展举行第十二次集体学习，这次中央政治局集体学习把"课堂"设在了媒体融合发展的第一线，采取调研、讲解、讨论相结合的形式进行，参观了人民日报数字传播公司、"中央厨房"、新媒体中心等。

习近平总书记指出，"全媒体不断发展，出现了全程媒体、全息媒体、全员媒体、全效媒体，信息无处不在、无所不及、无人不用，导致舆论生态、媒体格局、传播方式发生深刻变化""我们要把握国际传播领域移动化、社交化、可视化的趋势，在构建对外传播话语体系上下功夫，在乐于接受和易于理解上下功夫，让更多国外受众听得懂、听得进、听得明白，不断提升对外传播效果"。

党的十八大以来，我国媒体深度融合步伐不断加快，积极参与国际传播，加快建立海外机构，基本覆盖全球热点地区和重要城市，利用多手段报道全面呈现中国的文明大国形象、东方大国形象、负责任大国形象、社会主义大国形象。2014年，广西人民广播电台在东盟国家陆续开办固定电视栏目；2015年，新华社成立海外社交媒体运行指挥中心；2018年，中央广播电视总台组建成立，国际电视、国家广播以及新兴媒体实现融合发展；2019年《中国日报国际版》正式创刊，在全球多个国家和地区出版发行……

随着互联网技术的飞速发展，新媒体为加强国际传播能力建设开辟了广阔天地。

人民日报社、新华社、中央广播电视总台推出多语种新闻和移动应用客户端。截至 2022 年 6 月底，人民日报所属海外网聚合 50 家海外华文网站，日均页面浏览量达到 6600 万次；海客新闻移动客户端用户超过 800 万。截至 2022 年 6 月，新华社所办的中国新华新闻电视网（CNC）、新华网、新华社客户端"一台一网一端"等对外传播终端，在海外社交媒体上总粉丝量超过 2.8 亿。截至 2021 年底，央视网多终端全球覆盖用户超过 18 亿，互联网电视用户数超过 2.2 亿，手机电视累计用户数超 2 亿。

吸引众多外媒关注的"一路'象'北"直播、聚焦国际国内热点的《中国 3 分钟》、破圈传播的《唐宫夜宴》《洛神水赋》、融合东西方元素的《当卢浮宫遇见紫禁城》《从长安到罗马》等融媒体作品，深受网民追捧、赢得世界认同，生动展示了可信、可爱、可敬的中国形象。

——积极推动人类文明交流互鉴

一树和风千万枝，姹紫嫣红满园春。

习近平总书记强调："要更好推动中华文化走出去，以文载道、以文传声、以文化人，向世界阐释推介更多具有中国特色、体现中国精神、蕴藏中国智慧的优秀文化。"

2022 年初，冰雪赛场刮起中国风，网络空间涌起冰雪热。

北京冬奥会是有史以来数字平台上观看人数最多的一届冬奥会。"这是一届流媒体冬奥会。"国际奥委会官员蒂莫·卢姆发出由衷赞叹。

北京冬奥会、冬残奥会的开闭幕式，一幕幕诗意与创意结合的场景令世界瞩目，"讲一个伟大的中国故事"成为创作团队的不懈追求。以传统二十四节气倒计时开场，天干地支十二时辰收尾；来时"迎客松"，别时"赠折柳"……一系列美妙的创意收获如潮点赞。全球网民共襄盛举，在网上见证了中国式浪

2022 年 2 月 20 日，北京 2022 年冬奥会闭幕式举行，鸟巢上方绽放"天下一家""ONE FAMILY"的烟花图案。本届冬奥会开闭幕式上来时"迎客松"，别时"赠折柳"，一系列美妙的创意收获网上如潮点赞

图 / 视觉中国

漫，见证了新时代更加自信从容的中国，体会到自然之美、人文之美、运动之美，人类命运共同体的伟大主题更加深入人心。

5G+8K 转播给观众带来极致视觉盛宴，冬奥收视创历届新高；各国运动员写"福"字、看"春晚"、吃饺子，世界分享中国团圆团结的气氛成为网上热点；吉祥物冰墩墩化身"顶流"，仅在微博平台上的一个话题下，就有超过 45 亿次的讨论量，海内外人士争相抢购……东西方文明的交流互鉴，因这段"冰雪奇缘"呈现出美不胜收的风景。

民族的就是世界的。各美其美，美美与共；和而不同，天下大同。这是中国作为文明古国的胸襟与气度。

"一花独放不是春，百花齐放春满园""交流互鉴是文明发展的本质要求。只有同其他文明交流互鉴、取长补短，才能保持旺盛生命活力"。从联合国教科文组织总部到亚洲文明对话大会，从世界经济论坛"达沃斯议程"对话会到博鳌亚洲论坛2022 年年会，习近平总书记在多个重要国际场合阐述平等、互鉴、对话、包容的文明观，为深刻演变的世界带来启迪。

互联网跨越时空、联通世界，打开了人类文明交流互鉴的新空间。

越来越多的各国年轻人通过互联网深入沟通、增进了解，越来越多的人通过网络文化产品了解中国、认识中国，理解和认同中国价值观。党的十八大以来，基于互联网新技术新应用的网络文化新业态成为文化产业发展的新增长点，不仅为经济高质量发展提供了新动力，还不断走出国门、飘香海外，进一步提升了中国文化的国际影响力和传播力。中国作家协会发布的《中国网络文学国际传播发展报告》指出，近年来，中国网络文学共向海外传播作品1万余部，其中，网站订阅和阅读App用户达1亿多。不仅中国网络文学火遍海外，日益成为对外文化传播的生力军，而且网络游戏、电竞产业、国产网剧、音视频作品等也从几年前的"零星"出海走向批量出海，频频被海外公司购买发行出版权……

——有效开展网络国际舆论正本清源工作

面对日益走近世界舞台中央的中国，一些西方国家呈现出复杂的心态。国际上理性客观看待中国的人越来越多，为中国点赞的声音越来越多。但同时，部分势力出于"西方中心论""文明优越论"，不愿意看到中国的飞速发展，不断抛出"中国威胁论""中国崩溃论""中国责任论"等，大肆制造各种谎言谣言，无所不用其极地妖魔化、污名化中国，给我国国际舆论环境和国家形象带来严重负面影响。

2020年初，面对世所罕见、突如其来的新冠疫情，中国率先报告、率先出征，以对全人类负责的态度，打响了一场疫情防控的人民战争、总体战、阻击战。然而，就在中国取得抗疫战争的阶段性胜利之时，一些势力却向中国射来一支支"毒箭"，西方个别政客罔顾事实、费尽心机，将新冠疫情炒作成政治话题，污蔑中国、"甩锅"中国。

针对这些丑陋行径，中国媒体在各国多家主流媒体主动发声，及时介绍中国战疫的有效举措，正面回应国际社会关切。

《武汉战疫纪》等一系列英语新闻纪录片，不仅为全球网友了解中国抗疫真实情况打开一扇窗，也向全球抗疫提供中国经验。

新华社针对美西方就病毒溯源问题对我国进行抹黑，相继推出动画短视频《病毒往事》和《疫苗大战病毒》等。动画《疫苗大战病毒》主打年轻网民熟悉的"街霸"电子游戏风格，设置游戏闯关等情节，以生动鲜活的方式引导网民了解中国的抗疫贡献。

中央广播电视总台强化国际媒体合作，向海外主流媒体呼吁共同承担起携手应对疫情的媒体职责，得到百余家国际主流媒体或媒体组织肯定和回应……

面对敌对势力不断炒作涉港、涉疆、涉藏等话题，中国媒体有理有利有节开展斗争，坚定立场、理性发声，正本清源，坚决捍卫国家核心利益，有效传播中国声音。

围绕香港"修例风波"，中国国际电视台推出《某些美国议员难道想当暴恐分子代言人？》等评论和新媒体产品，独家专访"香港被烧老伯妻子"，阅读量超 9.6 亿次。针对美国所谓涉疆

"法案"，推出三部涉疆反恐纪录片《中国新疆反恐前沿》《幕后黑手——"东伊运"与新疆暴恐》《巍巍天山——中国新疆反恐记忆》等，境内外社交媒体阅读量超 7 亿次。

信息时代，没有任何西方势力能长期构筑隔绝真相的认知黑幕，一些外国博主自发录制视频谴责外媒对中国的歪曲报道，一大批中国网民站起来抵制西方媒体丑化中国的"阴间滤镜"；针对西方编造新疆所谓人权的谣言，全网力挺新疆棉；针对丑化中国人形象的问题，反对西方种族歧视的网上声浪高潮迭起……

正义终将战胜邪恶，光明必定照亮黑暗。

江阔千帆舞逆风，充分发挥互联网桥梁纽带作用，奋力开创国际传播新局面

谁作中流击楫看，欲破巨浪乘长风。

党的十八大以来，以习近平同志为核心的党中央高度重视和全面推进国际传播工作，我国大力推动国际传播守正创新，理顺内宣外宣体制，打造具有国际影响力的媒体集群，积极推动中华文化走出去，有效开展国际舆论引导和舆论斗争，初步构建起多主体、立体式的大外宣格局，我国国际话语权和影响力显著提升。

但同时也要清醒地看到，当前西方话语仍居强势地位，"西强我弱"的国际舆论格局尚未得到根本改变，中国在世界上的形象很大程度上仍是"他塑"而非"自塑"，存在着信息流进流出的"逆差"、中国真实形象和西方主观印象的"反差"、软实力和硬实力的"落差"。

国际传播能力建设是一项系统性、长期性、战略性工程。当前，百年变局与世纪疫情相互交织，经济全球化遭遇"逆风逆流"，国际形势风云变幻、外部环境日趋复杂，国际传播工作服务国家发展和民族复兴的责任更加重大，提升国际传播能力的要求更加紧迫。

乘浩荡之东风，立时代之潮头。

现在，全球网民总数已达 49.5 亿，占全球人口总数的 62.5%，全球社交媒体活跃用户达 46.2 亿，占全球人口总数的 58.4%。

习近平总书记深刻指出："互联网让世界变成了'鸡犬之声相闻'的地球村，相隔万里的人们不再'老死不相往来'。"互联网架起了人类加深交往交流的连心桥，也为中国与世界各国人民交往提供了有利契机。

借助互联网，中国应用、中国作品、中国元素走出国门，成为世界各国人民交往的文化纽带。米哈游等国产游戏厂商海外市场飞速发展，腾讯 WeTV、爱奇艺国际版积极拓展东南亚市场，自媒体博主视频中的诗与远方海外爆红……一个立体多彩的中国正映入世人眼帘。

没有什么能够阻挡世界各国人民交流交往的美好愿望。越来越多的中国网民自发讲述中国故事、传播中国声音、展示中国形象，呈现给世界一个更加多元丰富的新时代大国形象；越来越多的外国网民突破部分西方媒体设置的"障眼法"，聆听中国故事、中国共产党的故事，看到中国发展，搭载中国机遇，认同中国价值。

红雨随心翻作浪，青山着意化为桥。

在世界多极化、经济全球化、社会信息化、文化多样化深入发展，全球治理体系和国际秩序变革加速推进的今天，世界渴望了解中国，中国需要拥抱世界，加强国际传播能力建设迎来更加广阔的前景。人之相识，贵在相知；人之相知，贵在知心。在习近平新时代中国特色社会主义思想指导下，在以习近平同志为核心的党中央坚强领导下，一个改革不停顿、开放不止步的中国必将不负世界所期，以昂扬自信的姿态走近世界舞台中央。世界，也必将因为读懂中国、携手中国，拥抱更加美好灿烂的未来。

成城众志金汤固

——关于网络安全工作

山川自古雄图在，槛外时闻绕电雷。

纵观人类社会发展历程，每一次重大技术革新，都会给国家安全带来新的挑战。当前，新一轮科技革命和产业变革加速演进，信息革命时代潮流席卷全球，网络安全威胁和风险日益突出，并且向政治、经济、文化、社会、生态、国防等领域传导渗透，网络安全风险激增，新情况新问题新挑战层出不穷，深刻影响全球经济格局、利益格局、安全格局。

审视我们面临的安全威胁，最现实的、日常大量发生的不是来自海上、陆地、领空、太空，而是来自被称为第五疆域的网络空间。当前，深刻认识和有力防范网络安全风险，切实维护网络空间安全，已成为事关全局的重大课题。

备豫不虞，为国常道。

党的十八大以来，以习近平同志为核心的党中央高度重视网络安全工作，习近平总书记多次发表重要讲话、作出重要指示批示，从党和国家事业发展全局的高度对网络安全工作作出一系列新部署新要求，加强网络安全工作战略谋划和顶层设计，推动我国网络安全体系不断完善，网络安全保障能力持续提升，网络安全屏障日益巩固，全社会网络安全意识和防护能力明显增强，广大人民群众在网络空间的获得感、幸福感、安全感不断提升，为加快建设网络强国提供了有力支撑和坚实保障。

万里长风两翼振，树立正确的网络安全观，一体推进网络安全和信息化工作

树立正确的网络安全观，是习近平总书记对网络安全工作提出的基本原则和要求。当前，互联网等信息网络的普及性、互联性、复杂性以及经济社会对信息网络的依赖性不断增强，给国家网络安全带来新的风险和挑战，网络安全形势日趋复杂严峻。近年来，全球范围内重大网络安全事件层出不穷，各种网络攻击活动时有发生，影响能源、金融、电信、航空、政务等多个重要行业领域，呈现愈演愈烈之势。个别国家强化进攻性网络威慑战略，大规模发展网络作战力量，网络冲突风险不断加剧。

2006 年，伊朗重启核计划，却屡遭挫折。数年之后才有人发现，原来是因为一种新型"网络武器"——震网病毒攻击了伊朗纳坦兹核工厂，造成大量离心机被摧毁，核研发进程受到影响。这被公认为全球首个通过网络攻击对国家关键军事设施造成严重物理伤害的事件。

2013 年，斯诺登曝光了美国的"棱镜计划"。曝光显示，自 2007 年起，美国政府对全球实施电子监听，进入微软、谷歌、苹果等多家互联网巨头服务器监控用户隐私资料，其侵犯人群

之广、程度之深、时间之长震惊世人。

2017 年 5 月，全球范围内爆发针对 Windows 操作系统漏洞的勒索病毒（WannaCry）感染事件。全球 100 多个国家和地区数十万用户中招，我国企业、学校、医疗、电力、能源、金融、交通等多个行业均遭受不同程度的影响。

2020 年，中国网络安全企业 360 公司发布报告，曝光网络攻击组织 APT-C-39 曾对我国航空航天、科研机构、石油行业、大型互联网公司以及政府机构等关键领域进行了长达 11 年的网络渗透攻击，严重损害了我国国家安全、经济安全、关键信息基础设施安全和广大民众的个人信息安全。

2021 年，美国最大成品油运输管道运营商科洛尼尔公司工控系统遭勒索病毒攻击，成品油运输管道运营被迫中断，美国宣布国家进入紧急状态……

网络安全日益成为全球性问题，网络空间不确定性因素增多，传统网络安全威胁与新型网络安全威胁相互交织，国内网络安全与国际网络安全高度关联，网上安全与网下安全密切互动，针对国家、企业和网民的网络攻击日渐增多，数据安全和个人信息保护问题突出，网络违法犯罪活动屡禁不止，国家安全和人民群众利益面临巨大威胁。

祸机生隐微，智者鉴未形。

习近平总书记指出：“当前我国国家安全内涵和外延比历

史上任何时候都要丰富，时空领域比历史上任何时候都要宽广，内外因素比历史上任何时候都要复杂，必须坚持总体国家安全观，以人民安全为宗旨，以政治安全为根本，以经济安全为基础，以军事、文化、社会安全为保障，以促进国际安全为依托，走出一条中国特色国家安全道路。""统筹发展和安全，增强忧患意识，做到居安思危，是我们党治国理政的一个重大原则。"习近平总书记高瞻远瞩、统揽全局，亲自谋划、亲自部署，开启了新时代网络安全工作的崭新篇章。

2014 年 2 月 27 日，习近平总书记主持召开中央网络安全和信息化领导小组第一次会议并发表重要讲话。"没有网络安全就没有国家安全，没有信息化就没有现代化"，习近平总书记的讲话振聋发聩、字字千钧。习近平总书记深刻指出："网络安全和信息化是一体之两翼、驱动之双轮，必须统一谋划、统一部署、统一推进、统一实施。做好网络安全和信息化工作，要处理好安全和发展的关系，做到协调一致、齐头并进，以安全保发展、以发展促安全，努力建久安之势、成长治之业。"

2016 年 4 月 19 日，网络安全和信息化工作座谈会在北京召开。习近平总书记在会上明确提出要"树立正确的网络安全观"，强调"在信息时代，网络安全对国家安全牵一发而动全身，同许多其他方面的安全都有着密切关系"。习近平总书记深刻剖析了网络安全的主要特征：网络安全是整体的而不是割裂的，是动态的而不是静态的，是开放的而不是封闭的，是相对的而不是绝对的，是共同的而不是孤立的。

2018 年 4 月 20 日，在全国网络安全和信息化工作会议上，习近平总书记再次强调树立正确的网络安全观，并对加强关键信息基础设施防护，依法严厉打击网络黑客、电信网络诈骗、侵犯公民个人隐私等违法犯罪行为提出要求，对网络安全重点工作作出系统部署。

2019 年 9 月，在第六个国家网络安全宣传周开幕之际，习近平总书记专门对网络安全工作作出"四个坚持"的重要指示，强调国家网络安全工作要坚持网络安全为人民、网络安全靠人民，保障个人信息安全，维护公民在网络空间的合法权益。要坚持网络安全教育、技术、产业融合发展，形成人才培养、技术创新、产业发展的良性生态。要坚持促进发展和依法管理相统一，既大力培育人工智能、物联网、下一代通信网络等新技术新应用，又积极利用法律法规和标准规范引导新技术应用。要坚持安全可控和开放创新并重，立足于开放环境维护网络安全，加强国际交流合作，提升广大人民群众在网络空间的获得感、幸福感、安全感。"四个坚持"的提出，为网络安全事业进一步锚定了发展航向。

安全非一国一域之事。网络安全问题是世界各国面临的共同挑战。

2015 年，习近平总书记在接受美国《华尔街日报》书面采访时指出："互联网作为 20 世纪最伟大的发明之一，把世界变成了'地球村'""但是，这块'新疆域'不是'法外之地'"。在华盛顿州当地政府和美国友好团体联合欢迎宴会上演讲时，他向全球郑重重申了中国的一贯立场："中国是网络安全的坚定维护者""国际社会应该本着相互尊重和相互信任的原则，共同构建和平、安全、开放、合作的网络空间"。

同年 12 月，习近平总书记在第二届世界互联网大会开幕式上指出："网络安全是全球性挑战，没有哪个国家能够置身事外、独善其身，维护网络安全是国际社会的共同责任。""中国愿同各国一道，加强对话交流，有效管控分歧，推动制定各方普遍接受的网络空间国际规则，制定网络空间国际反恐公约，健全打击网络犯罪司法协助机制，共同维护网络空间和平安全。"

维护网络空间和平安全，中国既是积极倡导者，也是坚定践行者。

2016 年，我国发布《国家网络空间安全战略》，明确提出以总体国家安全观为指导，贯彻落实创新、协调、绿色、开放、共享的新发展理念，增强风险意识和危机意识，统筹国内国际两个大局，统筹发展安全两件大事，积极防御、有效应对，推进网络空间和平、安全、开放、合作、有序，维护国家主权、安全、发展利益，实现建设网络强国的战略目标。

这是我国首部关于国家网络安全工作的纲领性文件，向全世界阐明了我国网络安全的原则主张和战略任务。

舟人指点云开处，喜见青山一抹横。

党的十八大以来，习近平总书记准确把握信息时代发展大势，运用马克思主义立场观点方法，深刻分析网络安全面临的新情况、新问题、新挑战，超前预判、积极应对，对网络安全问题进行了系统思考和深入探索，在乱云飞渡中坚如磐石，在风险挑战中运筹帷幄，对做好网络安全工作进行了科学谋划和战略部署，形成了新时代网络安全观。

2023 年国家网络安全宣传周开幕式在福建省福州市举行

图／福州日报　林双伟　摄

习近平总书记提出的网络安全观，立意高远、思想深邃，内涵丰富、系统完备，站在党和国家事业发展全局的高度，准确把握网络安全新特点、新趋势，科学回答了新时代网络安全的一系列重大理论和实践问题，深刻阐明了做好网络安全工作的重大意义、基本原则和重点任务，丰富了中国特色社会主义治网之道，深化和拓展了我们党关于信息时代国家安全问题的理论视野和实践领域，为做好网络安全工作指明了前进方向、提供了根本遵循，也为国际社会共同应对网络安全挑战提供了中国方案、贡献了中国智慧。

云披雾敛天地明，进一步巩固国家网络安全屏障，全面加强网络安全保障体系和能力建设

党的十八大以来，在习近平总书记关于网络强国的重要思想指引下，我国网络安全工作取得显著成绩，网络安全和信息化一体推进、共同发展，国家网络安全屏障不断巩固，网络安全技术和产业蓬勃发展，人民群众网络权益得到有力保障，充分证明了理论创新和实践创新相结合所迸发的强大生命力，充分体现了以习近平同志为核心的党中央洞察历史大势的战略眼光和战略智慧，充分彰显了习近平总书记作为马克思主义政治家、思想家、战略家的深刻洞察力、敏锐判断力、理论创造力

和坚强领导力。

——顶层设计和总体布局全面加强

加强党中央对网络安全工作的集中统一领导，成立中央网络安全和信息化领导小组（后改为中央网络安全和信息化委员会），强化网络安全工作的顶层设计、总体布局、统筹协调、整体推进和督促落实，把党管互联网落到实处。制定《党委（党组）网络安全工作责任制实施办法》，明确党委（党组）领导班子、领导干部网络安全政治责任，明确网络安全标准和保护对象、保护层级、保护措施，层层传导压力、逐级压实责任。

深化网络空间法治建设。2017年6月1日，《中华人民共和国网络安全法》正式施行，这是我国网络安全领域的首部基础性、框架性、综合性法律。之后，相继颁布《中华人民共和国数据安全法》《中华人民共和国个人信息保护法》《关键信息基础设施安全保护条例》等法律法规，出台《网络安全审查办法》《云计算服务安全评估办法》等政策文件，建立关键信息基础设施安全保护、网络安全审查、云计算服务安全评估、数据安全管理、个人信息保护等一批重要制度。发布《关于加强国家网络安全标准化工作的若干意见》，制定发布300余项网络安全领域国家标准。基本构建起网络安全政策法规体系的"四梁八柱"，网络安全法律体系建设日趋完善。

强化网络安全治理。对滴滴、运满满、货车帮、BOSS直聘等启动网络安全审查；开展云计算服务安全评估并对已上线运行的云平台持续进行监督，网络安全执法形成有力震慑。坚持依法管网、依法办网、依法上网，确保互联网在法治轨道上健康运行，我国互联网治理体系和治理能力的现代化水平不断提升，网络安全治理格局日臻完善，网络安全防线进一步巩固。

——关键信息基础设施安全保护持续强化

加强关键信息基础设施保护，一直是习近平总书记关注的重点问题。"金融、能源、电力、通信、交通等领域的关键信息基础设施是经济社会运行的神经中枢，是网络安全的重中之重""不出问题则已，一出就可能导致交通中断、金融紊乱、电力瘫痪等问题，具有很大的破坏性和杀伤力。我们必须深入研究，采取有效措施，切实做好国家关键信息基础设施安全防护。""要落实关键信息基础设施防护责任，行业、企业作为关键信息基础设施运营者承担主体防护责任，主管部门履行好监管责任"……

2016年10月，十八届中共中央政治局就实施网络强国战略进行第三十六次集体学习，习近平总书记再次强调："加强关键信息基础设施安全保障，完善网络治理体系。"

《中华人民共和国网络安全法》专门设置"关键信息基础设

施运行安全"一节，开启了关键信息基础设施安全"强监管时代"；2021年9月1日，《关键信息基础设施安全保护条例》正式施行，这是我国在关键信息基础设施安全方面的首部行政法规，从关键信息基础设施的范围界定、管理体系、监督机制、责任追究等入手，进一步细化保护举措、织密安全之网。

与此同时，关键信息基础设施安全保护配套措施也相继出台。2018年9月，国务院办公厅发布《关于加强政府网站域名管理的通知》，对加强政府网站域名安全防护及检测处置工作提出要求；2019年12月，全国信息安全标准化技术委员会启动国家标准《信息安全技术　关键信息基础设施网络安全保护基本要求》试点工作，旨在为关键信息基础设施安全保护工作提供技术支撑；2020年10月，工业和信息化部发布通知，开展电信和互联网行业网络安全风险隐患排查……

近年来，我国针对水利、电力、油气、交通、通信、金融等领域重要信息基础设施，强化网络安全检查，及时摸清家底、发现隐患、修补漏洞。组织开展对关键信息基础设施运营者采购网络产品和服务活动的网络安全审查，组织对面向党政机关和关键信息基础设施服务的云平台开展安全评估，做到关口前移，力求防患于未然。

——网络安全工作基础不断夯实

健全国家网络安全应急体系，实施《国家网络安全事件应急预案》，推动金融、能源、通信、交通等行业领域完善网络安全应急预案，安全防护体系不断健全，网络安全态势感知、事件分析、追踪溯源、应急处置能力全面提升。

《2020年中国互联网网络安全报告》显示，我国网络安全威胁治理成效显著。2020年，国家互联网应急中心（CNCERT）协调处置各类网络安全事件约10.3万起，同比减少4.2%。抽样监测发现，被植入后门的网站数量同比减少37.3%，境内政府网站被植入后门的数量同比减少64.3%；被篡改的网站数量同比减少45.9%。根据相关报告，2020年我国境内DDoS攻击次数减少16.16%，攻击总流量下降19.67%；僵尸网络控制端数量在全球占比下降至2.05%。

民情共倚金汤固。

自2014年以来，我国连续9年在全国范围举办国家网络安全宣传周，广泛开展网络安全进社区、进农村、进企业、进机关、进校园、进军营、进家庭等活动，以百姓通俗易懂、喜闻乐见的形式，宣传网络安全理念、普及网络安全知识、推广网络安全技能，有效增强全民网络安全意识，在全国范围内形成了共同维护网络安全的良好氛围。2021年国家网络安全宣传周进一步聚焦"网络安全为人民，网络安全靠人民"主题，举行线上线下活动10万余场，发放宣传材料8300余万份，推送短信彩信16亿次，覆盖人群达4亿人，营造了网络安全人人参与、人人有责、人人共享的强大舆论声势和浓厚社会氛围。

致天下之治者在人才。

习近平总书记深刻指出，网络空间的竞争，归根结底是人才竞争。"要把我们的事业发展好，就要聚天下英才而用之。要干一番大事业，就要有这种眼界、这种魄力、这种气度。"

近年来，国家相关部门推出一系列强有力的政策举措，助力网络安全人才培养、技术创新、产业发展的良性生态加速形成。制定出台《关于加强网络安全学科建设和人才培养的意见》，强化宏观指导和政策统筹；设立网络空间安全一级学科，组织实施一流网络安全学院建设示范项目，11所高校入选；表彰国家网络安全先进集体和先进个人，利用社会资金设立网络安全专项基金，奖励各类网络安全优秀人才近千人；指导实施网络安全学院学生创新资助计划，鼓励和支持高校学生围绕企业网络安全技术创新实际需求和产业发展共性问题开展创新活动；建设国家网络安全人才与创新基地，开展国家网络安全教育技术产业融合发展试验区建设，集聚网络安全人才与创新资源，网络安全学科建设和人才培养进程加快推进。

——数据安全管理和个人信息保护水平显著提升

如同工业时代的石油一样，数据作为新型生产要素，是信息时代国家重要的战略性、基础性资源。数据在创造巨大价值的同时，也面临着被泄露、篡改、滥用、劫持等风险，直接影响经济社会的健康发展。

2017年12月，十九届中共中央政治局专门就实施国家大数据战略进行第二次集体学习。习近平总书记就做好数据安全工作作出重要指示，强调"要切实保障国家数据安全""要加强关键信息基础设施安全保护，强化国家关键数据资源保护能力，增强数据安全预警和溯源能力。要加强政策、监管、法律的统筹协调，加快法规制度建设"。

数据安全保护工作驶入快车道，相关法律法规密集出台，各类数据处理活动日益规范。2021年9月1日，《中华人民共和国数据安全法》正式施行，标志着我国数据安全保护有法可依、有章可循；2021年10月1日，《汽车数据安全管理若干规定（试行）》正式施行；2021年11月，《网络数据安全管理条例（征求意见稿）》公开向社会征求意见；《数据出境安全评估办法》于2022年9月1日起施行……

"安全"二字，托举着人民群众的美好期待和幸福生活。一段时间以来，"大数据杀熟"、个人信息数据泄露等现象屡见不鲜，甚至滋生出非法售卖公民个人信息的黑色产业链。

习近平总书记始终把关乎人民幸福感、安全感的个人信息保护放在心上。2017年5月23日，中央全面深化改革领导小组第三十五次会议召开，习近平总书记强调："强化安全技术保护，推动个人信息法律保护，确保信息安全和规范应用。"

2017 年底，习近平总书记主持召开中央经济工作会议。会议围绕推动高质量发展，部署了 8 项重点工作。其中，"着力解决网上虚假信息诈骗、倒卖个人信息等突出问题"被列为"提高保障和改善民生水平"的一项重要内容。

在 2021 年 1 月 1 日正式施行的《中华人民共和国民法典》中，完善了对隐私权和民事领域个人信息的保护。2021 年 8 月 20 日，十三届全国人大常委会第三十次会议审议通过了《中华人民共和国个人信息保护法》。这是我国第一部个人信息保护方面的专门法律，开启了我国个人信息立法保护的历史新篇章。

强制授权、过度索权、超范围收集个人信息……手机 App 违法违规收集使用个人信息问题，百姓一直深恶痛绝。2019 年以来，中央网信办、工业和信息化部、公安部和市场监管总局四部委联合持续开展 App 违法违规收集使用个人信息专项治理，对存在严重违法违规问题的 App 采取公开通报、责令整改、下架等处罚措施，形成了有力震慑。特别是始终对非法买卖个人信息、侵犯公民隐私、电信网络诈骗等违法犯罪活动保持高压态势，针对人民群众反映强烈的非法利用摄像头偷窥个人隐私画面、传授偷窥偷拍技术等侵害公民个人隐私行为，中央网信办会同工业和信息化部、公安部、市场监管总局等部门，在全国范围内组织开展涉摄像头偷窥等黑产集中治理，有力维护了人民群众的个人信息安全。

少年儿童是祖国的未来，也是加强个人信息保护的重点群体。2019年8月，国家互联网信息办公室公布了第4号令《儿童个人信息网络保护规定》。这是我国在儿童个人信息网络保护方面制定的首部专门立法，也是继2013年《电信和互联网用户个人信息保护规定》之后又一部个人信息保护领域的专门规定。《儿童个人信息网络保护规定》及修订后正式施行的《中华人民共和国未成年人保护法》，对未成年人网络保护及个人信息保护等作出专门规定，划定了底线和红线。

——网络安全领域国际交流合作深入开展

2022年6月22日至24日，习近平总书记在北京以视频方式主持金砖国家领导人第十四次会晤，宣布通过《金砖国家领导人第十四次会晤北京宣言》。

《金砖国家领导人第十四次会晤北京宣言》在"维护和平与安全"部分提出，"呼吁以全面、平衡、客观的方式处理信息通信技术产品和系统的发展和安全。""强调建立金砖国家关于确保信息通信技术使用安全的合作法律框架的重要性，认为应通过落实《金砖国家网络安全务实合作路线图》以及网络安全工作组工作，继续推进金砖国家务实合作。"

这一宣言向世界发出捍卫国际公平正义的金砖强音，展现出世界主要发展中经济体就网络安全领域一系列重大问题的共同立场。

当前，互联网把世界各国的前途命运更加紧密地联系在一起，对人类文明进步产生重大而深远的影响。同时，互联网领域发展不平衡、规则不健全、秩序不合理等问题日益凸显。世界范围内侵害个人隐私、侵犯知识产权、网络犯罪等时有发生，网络监听、网络攻击、网络恐怖主义活动等成为全球公害。

我国是构建网络空间命运共同体的倡导者和先行者。维护网络安全是网络空间国际合作的焦点问题，也是构建网络空间命运共同体的重要方面。2014年7月16日出访巴西时，习近平总书记就在巴西国会的演讲中指出："虽然互联网具有高度全球化的特征，但每一个国家在信息领域的主权权益都不应受到侵犯，互联网技术再发展也不能侵犯他国的信息主权。在信息领域没有双重标准，各国都有权维护自己的信息安全，不能一个国家安全而其他国家不安全，一部分国家安全而另一部分国家不安全，更不能牺牲别国安全谋求自身所谓绝对安全。"习近平总书记关于网络主权的理念和主张牢牢占据了国际道义制高点，抵制网络霸权、维护网络主权日益成为新兴国家的普遍共识。

近年来，我国积极参与联合国框架下的论坛、会议以及联盟组织的网络安全国际治理，建设性参与联合国信息安全开放式工作组和政府专家组，倡导各国制定全面、透明、客观、公正的供应链安全风险评估机制，促进全球信息技术产品供应链开放、完整、安全与稳定，开展关键信息基础设施建设的国际合作，积极参与全球联合打击网络恐怖主义、网络犯罪等非传统安全事务，在保护世界人民生命安全、财产安全上有力履行大国责任、充分展现大国担当。

我国支持并积极参与网络空间国际规则制定进程，在联合国信息安全政府专家组和联合国信息安全开放式工作组等多边进程内推动不干涉内政、不使用武力、和平解决争端等原则得到确认。

联合国大会于 2019 年 12 月通过由中俄等国共提的重要决议，授权设立政府间特设专家委员会，正式开启谈判制定打击网络犯罪全球性公约的进程，打击网络犯罪国际规则制定迈出具有历史意义的一步。

2020 年 9 月，在"抓住数字机遇，共谋合作发展"国际研讨会高级别会议上，我国提出《全球数据安全倡议》，就推进全球数据安全治理提出了中国方案。这是世界首份数据安全领域的倡议，充分体现了负责任大国的表率作用，得到国际社会积极响应和广泛赞誉。

2021 年 3 月 29 日，中国外交部同阿拉伯国家联盟秘书处召开中阿数据安全视频会议，宣布共同发表《中阿数据安全合作倡议》，标志着发展中国家在携手推进全球数字治理方面迈出了重要一步。

2016 年 9 月 12 日，第 39 届国际标准化组织（ISO）大会在北京召开，习近平总书记向大会致贺信指出："中国将积极实施标准化战略，以标准助力创新发展、协调发展、绿色发展、开放发展、共享发展。"截至 2022 年 8 月，全国信息安全标准化技术委员会已研究制定网络安全国家标准 340 项，涵盖个人信息保护、关键信息基础设施安全保护、网络安全审查、网络安全等级保护等各个方面。其中，有 39 项国家标准和技术提案已被国际标准化组织吸纳，为网络安全国际标准化提供了中国方案、贡献了中国智慧。

大学生志愿者进社区宣传防网络诈骗知识。在江苏省镇江市征润州社区，江苏科技大学志愿者正为居民解读网络诈骗案例　　图/视觉中国

七、成城众志金汤固

159

建久安之势，成长治之业，为实现中华民族伟大复兴的中国梦提供坚强的网络安全保障

伴随信息技术的高速发展，网络安全领域面临的风险和挑战不断加大。从国内看，关系国计民生的关键基础设施大量联网入网，但网络安全防控能力还相对薄弱，关键信息基础设施安全防护水平不高，一些重要工控系统对外国技术依赖严重，我国互联网持续遭受境外网络攻击，不断加剧的网络安全风险和防护能力不足的矛盾日益凸显。

仅 2020 年，我国捕获恶意程序样本数量超 4200 万个，日均传播次数为 482 万余次，恶意程序样本的境外来源主要是美国、印度等。按照攻击目标 IP 地址统计，我国境内受恶意程序攻击的 IP 地址约 5541 万个，约占我国 IP 地址总数的14.2%。

技术发展每前进一小步，治理难度就增加一大步。

随着人工智能、5G 网络、物联网、区块链等技术的发展和进步，设备数量及数据量急剧增加，数据安全威胁持续放大，已成为事关国家安全与经济社会发展的重大问题。同时，一些企业、机构和个人从商业利益等出发，随意收集、违法获取、过度使用、非法买卖个人信息，进一步滋生电信网络诈骗、敲

诈勒索等犯罪行为，成为危害人民群众人身和财产安全的重大隐患。

狂澜撼风雷，砥柱屹不动。

"十四五"时期是我国全面建成小康社会、实现第一个百年奋斗目标之后，乘势而上开启全面建设社会主义现代化国家新征程、向第二个百年奋斗目标进军的第一个五年。《中华人民共和国国民经济和社会发展第十四个五年规划和2035年远景目标纲要》明确提出，要把安全发展贯穿国家发展的各领域和全过程，其中14次提及网络安全，对加强网络安全保障体系和能力建设作出系统部署："健全国家网络安全法律法规和制度标准，加强重要领域数据资源、重要网络和信息系统安全保障""建立健全关键信息基础设施保护体系，提升安全防护和维护政治安全能力""加强网络安全风险评估和审查"……

2022年7月26日，习近平总书记在省部级主要领导干部"学习习近平总书记重要讲话精神，迎接党的二十大"专题研讨班上发表重要讲话强调："全党必须增强忧患意识，坚持底线思维，坚定斗争意志，增强斗争本领，以正确的战略策略应变局、育新机、开新局，依靠顽强斗争打开事业发展新天地，最根本的是要把我们自己的事情做好。"

居安而念危，则终不危；操治而虑乱，则终不乱。

这十年，是党中央着眼推进网络强国战略部署，不断完善网络安全和信息化工作领导体制机制、不断完善网络安全战略体系和政策体系的十年。

这十年，是国家网络安全保障能力尤其是关键信息基础设施保障能力显著增强的十年。

这十年，是我国网络安全领域立法不断完善充实，网络安全法律法规体系基本建立，依法治网、依法办网、依法上网扎实推进、成效卓著的十年。

这十年，是网络安全学科建设和人才培养加快发展，全民网络安全意识和防护技能明显提升，网络安全国际交流合作取得显著成效的十年。

理乱安危烛未形，成城众志金汤固。

回顾党的十八大以来走过的不平凡历程，网络安全领域取得历史性成就、发生历史性变革，根本在于以习近平同志为核心的党中央的坚强领导，根本在于习近平总书记关于网络强国的重要思想的科学指引，根本在于习近平总书记作为党中央的核心、全党的核心掌舵领航。

搏风鼓荡四溟水，乘风欲破万里浪。

面向新时代新征程，网信战线将始终坚持以习近平新时代中国特色社会主义思想特别是习近平总书记关于网络强国的重要思想为指导，全面贯彻总体国家安全观，坚持正确的网络安全观，统筹发展与安全，着力推进网络安全保障体系和能力建设，严格落实网络安全工作责任制，切实筑牢国家网络安全屏障，奋力开创新时代网络安全工作新局面，全力护航中华民族伟大复兴的中国梦！

八

南风吹郭不胜香

——关于网络扶贫和数字乡村建设

"南风之薰兮，可以解吾民之愠兮。南风之时兮，可以阜吾民之财兮。"这首先秦时期的《南风歌》，寄托着古人对幸福生活的憧憬和向往。

中国曾长期饱受贫困问题困扰，摆脱贫困、丰衣足食，一直是中华民族千百年来孜孜以求的美好梦想。近代以后，在封建腐朽统治和西方列强侵略下，中国沦为半殖民地半封建社会，亿万民众处于水深火热之中。中国共产党从成立之日起，就把为中国人民谋幸福、为中华民族谋复兴作为初心使命。新中国成立后，我们党团结带领人民自力更生、发展生产，为摆脱贫困进行了艰辛探索。改革开放以来，我们党坚持解放和发展社会生产力，中国经济社会快速发展，减贫进程加速推进，人民生活明显改善。

党的十八大以来，以习近平同志为核心的党中央站在全面建成小康社会、实现中华民族伟大复兴的战略高度，把脱贫攻坚摆在治国理政的突出位置，提出一系列新理念新思想新战略，作出一系列重大决策部署，组织实施了人类历史上规模空前、力度最大、惠及人口最多的脱贫攻坚战，创造了彪炳史册的人间奇迹——中国历史性地解决了绝对贫困问题，取得了举世瞩目的伟大成就，谱写了人类反贫困历史的崭新篇章。

甘霖泽四海，霓望慰九农。

从打赢脱贫攻坚战到全面推进乡村振兴，新时代的中国正在描绘更加美好的时代画卷。互联网信息技术的广泛应用，在这一伟大历史进程中发挥着强有力的助推作用。网络扶贫行动与数字乡村建设的接续实施，为打赢脱贫攻坚战提供了新路径、新手段、新动能，为高质量推进乡村振兴赋予了无限生机和活力。无论是雪域高原、戈壁沙漠，还是悬崖绝壁、大石山区，贫困地区乘着信息化的浪潮实现了"一跃千年"的梦想，贫困群众搭乘互联网的"快车"共享数字化发展红利，脱贫攻坚与共同富裕的浩荡春风吹遍神州大地。

党的十九届六中全会强调，党始终把解决好"三农"问题作为全党工作重中之重，实施乡村振兴战略，加快推进农业农村现代化。面向新时代新征程，我们必须充分发挥信息化对乡村振兴的驱动引领作用，不断提升农业农村数字化、网络化、智能化发展水平，促进农业全面升级、农村全面进步、农民全面发展，共同朝着实现第二个百年奋斗目标阔步前进。

赤诚丹心天地间，一场史无前例的脱贫攻坚战在新时代中国大地全面打响

2012 年，党的十八大明确提出全面建成小康社会的奋斗目标。会议召开后不久，习近平总书记在地方考察扶贫开发工作时指出："全面建成小康社会，最艰巨最繁重的任务在农村、特

别是在贫困地区。没有农村的小康，特别是没有贫困地区的小康，就没有全面建成小康社会。"习近平总书记亲自挂帅、亲自部署、亲自督战，先后召开7次脱贫攻坚座谈会，多次主持召开会议研究部署脱贫攻坚工作，汇聚全党全国全社会之力，打响脱贫攻坚战。2015年11月，中央扶贫开发工作会议举行，作出"确保到2020年所有贫困地区和贫困人口一道迈入全面小康社会"的庄严承诺，吹响了脱贫攻坚战的冲锋号。

高瞻远瞩的战略决策，源自植根中国大地的长期理论思考和深入实践探索。在2015减贫与发展高层论坛上，习近平总书记谈道："40多年来，我先后在中国县、市、省、中央工作，扶贫始终是我工作的一个重要内容，我花的精力最多。"早在陕北梁家河插队时，他赴四川学习沼气池修建技术，在当时尚未通电的陕北高原上亮起第一盏沼气灯，带头打水坝，开铁业社、缝纫社，坚持不懈为乡亲们做实事、办好事。到福建宁德担任地委书记，他通过深入调研，提出"弱鸟可望先飞，至贫可能先富"的辩证观点，让宁德走上了因地制宜发展经济的快速路。

对于贫困人口规模庞大的国家而言，找准扶贫人口、真正拔掉"穷根"是普遍性难题。2013年11月3日，习近平总书记跋山涉水，走进湖南省花垣县十八洞村的苗寨。这里位于武陵山脉腹地，全村贫困发生率一度高达57%。习近平总书记与苗族同胞促膝谈心，面对新时期扶贫任务和形势，创造性地提出精准扶贫精准脱贫基本方略，推动了扶贫减贫理论和实践的重大创新。脱贫攻坚贵在精准、重在精准，成败在于精准。精准扶贫，成为新时代脱贫攻坚的鲜明特征，成为我国全面打赢脱贫攻坚战的制胜法宝。

党的十八大以来，习近平总书记高度重视发挥互联网在脱贫攻坚中的作用，就实施网络扶贫行动作出一系列重要指示批示。2016 年 2 月，习近平总书记指出，要实施网络扶贫行动，推进精准扶贫、精准脱贫，让扶贫工作随时随地、四通八达，让贫困地区群众在互联网共建共享中有更多获得感。2016 年 4 月 19 日，在网络安全和信息化工作座谈会上，习近平总书记强调，可以发挥互联网在助推脱贫攻坚中的作用，推进精准扶贫、精准脱贫，让更多困难群众用上互联网，让农产品通过互联网走出乡村，让山沟里的孩子也能接受优质教育。2018 年 4 月 20 日，在全国网络安全和信息化工作会议上，习近平总书记再次强调，要扎实开展网络扶贫行动，发掘互联网在精准扶贫、精准脱贫中的潜力，不断增强贫困地区和贫困群众自我发展的内生动力。

承诺如金，战鼓催征。

2016 年 10 月，中央网信办、国家发展改革委、国务院扶贫办等部门联合印发《网络扶贫行动计划》，正式提出实施网络覆盖工程、农村电商工程、网络扶智工程、信息服务工程、网络公益工程五大工程。

此后五年间，中央网信办会同相关部门，每年根据党中央关于脱贫攻坚的决策部署，提出有针对性的网络扶贫工作要点，真抓实干、狠抓落实，扎实推动网络扶贫行动。2018年6月，《中共中央　国务院关于打赢脱贫攻坚战三年行动的指导意见》发布，对脱贫攻坚进行了系统部署、统筹安排，特别是对推进网络扶贫五大工程进行了细化和深化，推动网络扶贫行动向纵深发展，为贫困地区和贫困群众脱贫奔小康插上了互联网的"翅膀"。

内蒙古自治区武川县耗赖山乡小官井村农民使用智慧农机播种马铃薯

图／视觉中国

东风欲来满眼春，网络扶贫为打赢脱贫攻坚战提供了有力支撑

桃李花开春雨晴，声声布谷迎村鸣。

自 2016 年以来，在各地区各部门共同努力下，网络扶贫的基础性、先导性、牵引性作用和优势充分发挥，网络扶贫五大工程深入实施，为精准扶贫、精准脱贫提供了新动能。在基础性作用方面，网络扶贫补齐贫困地区信息基础设施短板，用一根根光缆把大山深处的贫困群众和外面的世界连接起来，帮助贫困群众更加方便快捷地获取信息，不让他们在信息时代再次掉队。在先导性作用方面，网络扶贫为产业扶贫、就业扶贫、教育扶贫、健康扶贫、消费扶贫等专项扶贫提供平台和通道，促进行业扶贫协同推进。在牵引性作用方面，网络扶贫精准对接建档立卡贫困户，广泛连接社会资源，为广大网民、企业、社会组织提供便捷的扶贫手段，让"手指尖上随时随地的扶贫"成为现实。

——实施网络覆盖工程，打通贫困地区跨越式发展的新渠道

宽带网络是信息时代的重要基础设施，是实现脱贫攻坚的有力支撑。过去是要想富，先修路；现在是要发展，先通网。随着宽带网络持续向偏远贫困地区延伸，更多困难群众开始触

网用网，互联网为他们打开了连接世界、交流信息、增收致富、改善生活的窗口。

习近平总书记指出："相比城市，农村互联网基础设施建设是我们的短板。要加大投入力度，加快农村互联网建设步伐，扩大光纤网、宽带网在农村的有效覆盖。"

在偏远贫困地区建设信息通信基站，面临着难度大、施工期短、运维成本高、投资回报率低等困难。为此，工业和信息化部与信息通信企业不断强化工作力度和增加资源投入，为贫困地区打通网络基础设施"最后一公里"，共同推进实施网络覆盖工程。

云南省贡山独龙族怒族自治县独龙江乡是独龙族的聚居地，这里一直是云南乃至全国最为贫穷落后的地区。2014年初，习近平总书记对贡山独龙族怒族自治县干部群众来信作出重要批示，希望独龙族群众"加快脱贫致富步伐，早日实现与全国其他兄弟民族一道过上小康生活的美好梦想"。

架光缆、爬铁塔、装设备、测信号……在汹涌奔腾的独龙江畔，通信设备被一点点运进大山深处。2014年4月，4G基站便建成开通。2019年，5G试验基站开通，独龙族群众体验了5G虚拟现实技术，拨通了云南首个双向5G语音和高清视频通话。

一座座基站建在崇山峻岭，一条条光缆拉进千家万户，一个个封闭村落走进网络空间，甚至在高寒缺氧的"世界屋脊"，也拥有了联通世界的"信息天路"。

网络覆盖工程要让贫困群众不仅用得上互联网，还要用得起互联网。在上网资费上，政府部门根据大数据库找到建档立卡贫困户，为他们提供专门的优惠资费措施……贫困群众用上了互联网，万水千山的阻隔在信息社会不复存在，新信息、新技术、新业务在城市出现的同时能够第一时间传递到偏远的贫困地区，让农村和城市真正实现"同网同速"。

——实施农村电商工程，开辟贫困人口增收脱贫的新途径

近年来，电子商务发展势头强劲，成为产品销售的重要渠道。农村电商工程为扶贫插上了"互联网＋"的翅膀，让农产品通过互联网走出乡野山村、走进千家万户，有效拓宽了贫困地区农产品网上销售渠道，有力带动了贫困地区农村特色产业发展，为贫困群众开辟了增收脱贫的新路。

2020 年 4 月 20 日，秦岭深处，陕西省柞水县小岭镇金米村的木耳展销中心迎来了一位"特殊带货员"。直播台前，习近平总书记对着手机镜头点赞——"小木耳、大产业"。2000 万名网友涌进直播间，20 多吨木耳被瞬间"抢光"。

习近平总书记被亿万网民亲切地称为"最强带货员"。他强调，电商作为新兴业态，既可以推销农副产品、帮助群众脱贫致富，又可以推动乡村振兴，是大有可为的。

网络架起的电商平台，让"鼠标一点、农产热销"不再是

新鲜事。在新疆皮山县菜其买里村，包含了石榴、核桃、红枣的"皮山礼物"通过电商平台，源源不断地销往全国各地，当地百姓找到了一条可持续发展的脱贫致富路；2019 年，陕西省佛坪县引入了中国供销社员网，通过"平台公司＋骨干代办＋专业合作社＋贫困户"模式，以香菇为突破点开展大宗农产品上行交易，通过电商平台销售农产品 1500 余万元；在湖南十八洞村，"直播带货"带火了村里的蜂蜜、腊肉、猕猴桃的销售，村民的腰包逐渐鼓起来，2020 年全村人均收入达到 18369 元；在江西省寻乌县，政府和互联网企业合作，通过技能培养和实践相结合，共同孵化电商人才，到 2020 年底，当地电商企业超过 500 家。

重庆电商平台在南川区金佛山笋厂直播，通过云平台销售方竹笋

图／视觉中国

针对新冠疫情带来的贫困地区农产品滞销难卖问题，2020年2月，国务院扶贫办、中央网信办等七部门联合印发《关于开展消费扶贫行动的通知》，通过线上线下相结合，引导电商平台和互联网平台企业积极开展电商助农、直播带货等活动，把"流量"变"销量"，有效解决了贫困地区农产品的销路问题。

——实施网络扶智工程，打造贫困地区激发内生动力的新引擎

扶贫必扶智，治贫先治愚。网络扶贫不仅要富口袋，更要富脑袋。网络扶智工程通过"互联网＋教育"等方式，加快提升贫困地区教育信息化建设水平和贫困群众网络素养，让国家精品在线课程在偏远山区的校园里共享共用，让山沟里的孩子们也能接受优质在线教育，充分激发贫困地区发展的内生动力。

2018年春节前夕，飞行三个多小时，又在颠簸崎岖的山路上辗转奔波两三个小时，习近平总书记赶到了大凉山腹地的昭觉县，这里属于集中连片特困地区乌蒙山片区和"三区三州"深度贫困地区。

山村里的琅琅书声，火塘边座谈时憧憬的目光，寄托着村民们的美好愿望。习近平总书记在当地村民吉木子洛老阿妈家结束座谈后，返程路上同前来送别的彝族村民打招呼。村民还记得，习近平总书记打完招呼后转身对大家叮嘱道："小孩的教

育不要输在起跑线上。"

不会说普通话，是彝族儿童学习的重大障碍，凉山州积极推进"学前学会普通话"项目，幼教点的孩子们能够通过 4K 超高清电视在线学习。同时，通过专门开发的彝文智能翻译及交互式语音系统，持续推进"远程教育扶贫行动"，2018 年，全州互联网接入学校 1025 所，建成"班班通"教室 1 万余间，网络远程教育项目覆盖 116 所中小学校，依托"凉山党群通"手机 App，开设网上农民夜校，建成州县两级科技扶贫在线平台12 个。

2020 年 4 月 21 日，习近平总书记在陕西省平利县老县镇中心小学考察时强调，要推进城乡义务教育一体化发展，缩小城乡教育资源差距，促进教育公平，切断贫困代际传递。

中央网信办会同相关部门持续推进网络扶智工程，通过加快学校联网、推广远程教育、开展网络培训、提升贫困群众网络技能等方式，提高贫困地区教育水平和就业创业能力。网络远程教育等项目的开展，给边远山区学校解决优质教育资源匮乏问题带来了希望，对满足农村学校发展需求、弥补师资不足、提升教学质量、促进教育公平、推动优质教育均衡发展发挥了重要作用。

——实施信息服务工程，创建扶贫管理服务工作的新格局

脱贫攻坚关键在于精准扶贫，精准扶贫离不开信息化、网

络化、数字化的有力支撑。信息服务工程通过建立"一省一中心、一县一平台、一乡（镇）一节点、一村一带头人、一户一终端、一人一档案、一支队伍"的"七个一"信息服务体系，利用大数据等技术手段，整合各类信息资源和服务，促进扶贫开发相关部门数据共享，为精准扶贫、精准脱贫提供有力信息支撑。

各地区各部门主动加强基层信息服务体系建设、信息服务资源整合和扶贫数据交换，围绕贫困群众生产生活建立完善信息服务体系，实行动态管理，及时剔除识别不准人口、补录新识别人口，提高识别准确率，为实施精准扶贫、精准脱贫提供了有力的数据支撑，实现了"经验式"管理向"信息化"管理、"粗放式"管理向"精准化"管理的转变。

2017 年 7 月以来，中央网信办组织研发全国网络扶贫行动大数据分析平台，汇集中西部 22 个省（区、市）、832 个国家级贫困县网络扶贫工作信息，跟踪评估网络扶贫实施效果。国务院扶贫办组织开发全国扶贫开发信息系统手机 App，为到村到户帮扶工作提供了工作平台和信息支撑。农业农村部深入推进信息进村入户工程，以村级信息服务能力建设为着力点，持续开展农民手机应用技能培训。国家卫生健康委建设完善全国健康扶贫动态管理系统，持续开展"互联网＋健康扶贫"应用试点项目，有效提升了贫困地区基层医疗卫生服务能力。

——实施网络公益工程，拓展社会力量参与扶贫的新渠道

随着数字技术的深入普及和广泛应用，网络公益日益成为开展扶危济困、促进公平普惠的重要力量。网络公益工程将互联网发展与公益事业深度融合，通过互联网营造人人参与扶贫的良好氛围，让全社会重视扶贫、参与扶贫，让网信企业和广大网民成为网络公益扶贫的倡导者、行动者和贡献者。

在 2015 年中央扶贫开发工作会议上，习近平总书记强调，我国社会不缺少扶贫济困的爱心和力量，缺的是有效可信的平台和参与渠道。网络公益为社会力量参与扶贫和促进贫困地区产业发展提供了有效平台，越来越多的人通过互联网了解贫困地区、参与扶贫开发，越来越多的资源通过互联网投向贫困地区、助力脱贫攻坚。

国务院扶贫办专门建立中国社会扶贫网，搭建连接贫困人口和社会爱心人士、爱心企业的网络服务平台，成功打造规范、有序、高效运行的互联网社会扶贫平台。网信企业积极履行社会责任，大力支持脱贫攻坚。2016 年 11 月 29 日，在江西省宁都县召开的全国网络扶贫工作现场推进会上，中国互联网发展基金会、中国扶贫基金会联合 15 家网信企业共同发起成立"网络公益扶贫联盟"。截至 2020 年底，中国互联网发展基金会已投入 7000 多万元资金，用于开展网络扶贫项目，引导 100 多家网信企业参加网络公益扶贫联盟，推动知名网信企业与贫困地

区签署对口帮扶项目协议。

2020 年 11 月，国务院新闻办公室就网络扶贫行动实施情况举行发布会，会上亮出 5 年来的"成绩单"：贫困地区网络覆盖目标提前超额完成，贫困村通光纤比例由实施电信普遍服务之前不到 70% 提高到 98%；电子商务进农村实现对 832 个贫困县全覆盖，全国农村网络零售额由 2014 年的 1800 亿元，增长到 2019 年的 1.7 万亿元，规模扩大了 8.4 倍；网络扶智工程成效明显，全国中小学（含教学点）互联网接入率从 2016 年底的 79.2% 上升到 2020 年 8 月的 98.7%；网络扶贫信息服务体系基本建立，远程医疗实现国家级贫困县县级医院全覆盖，全国行政村基础金融服务覆盖率达 99.2%；网络公益扶贫惠及更多贫困群众，一批有社会责任感的网信企业和广大网民借助互联网将爱心传递给贫困群众。

手机成为"新农具"，直播成为"新农活"，数据成为"新农资"……网络扶贫行动对脱贫攻坚的支撑作用日益凸显，互联网信息技术助力贫困群众向着打赢脱贫攻坚收官战胜利进军。

2021 年 2 月 25 日，习近平总书记在全国脱贫攻坚总结表彰大会上庄严宣告："经过全党全国各族人民共同努力，在迎来中国共产党成立一百周年的重要时刻，我国脱贫攻坚战取得了全面胜利，现行标准下 9899 万农村贫困人口全部脱贫，832 个贫困县全部摘帽，12.8 万个贫困村全部出列，区域性整体贫困得到解决，完成了消除绝对贫困的艰巨任务，创造了又一个彪炳史册的人间奇迹！"

大江流日夜，慷慨歌未央。

网络扶贫是打赢脱贫攻坚战的重要组成部分，是运用现代信息技术为人民群众服务的典范，也是开展中国特色脱贫攻坚的一项创举。网络扶贫行动实施以来，围绕解决"两不愁三保障"突出问题，聚焦深度贫困地区和特殊贫困群体，充分挖掘互联网在精准扶贫、精准脱贫中的潜力和优势，不断激发贫困地区和贫困群众自我发展的内生动力，为加快弥合数字鸿沟、助力打赢脱贫攻坚战作出重要贡献。网络扶贫行动不仅帮助农民脱贫致富，改变传统的农业生产方式，还为推动城乡教育均

2021年2月25日，全国脱贫攻坚总结表彰大会在北京人民大会堂隆重举行。习近平总书记在大会上庄严宣告我国脱贫攻坚战取得了全面胜利

图/新华社记者 谢环驰 摄

等化、解决农村医疗健康问题、提升乡村治理水平、改变农村文化生活和农民精神面貌提供有力支撑。

万千气象遍人间，数字乡村建设绘就乡村振兴高质量发展新蓝图

春江浩荡暂徘徊，又踏层峰望眼开。

回顾过去，我们历史性地解决了绝对贫困问题，创造了人类减贫史上的奇迹；展望未来，我们正在为促进共同富裕、全面推进乡村振兴而不懈奋斗。

脱贫之后，乡村如何振兴，习近平总书记始终念兹在兹。"接续推进全面脱贫与乡村振兴有效衔接。脱贫摘帽不是终点，而是新生活、新奋斗的起点。"以乡村振兴接续脱贫攻坚，是着眼未来发展的远见卓识。

习近平总书记指出："党中央决定，脱贫攻坚目标任务完成后，对摆脱贫困的县，从脱贫之日起设立 5 年过渡期。过渡期内要保持主要帮扶政策总体稳定。对现有帮扶政策逐项分类优化调整，合理把握调整节奏、力度、时限，逐步实现由集中资源支持脱贫攻坚向全面推进乡村振兴平稳过渡。"

实施乡村振兴战略，是以习近平同志为核心的党中央作出的一项重要决策部署。这一重大战略任务的深度、广度、难度

不亚于脱贫攻坚，必须加强顶层设计，以一系列扎实有力的举措来统筹推进。随着信息技术在农业农村经济社会发展中的广泛应用，数字乡村建设已经成为建设数字中国的重要内容和题中应有之义，成为乡村振兴的重要战略方向，将整体带动和提升农业农村现代化发展，为乡村经济社会发展提供强大动力。

2018 年 1 月，《中共中央　国务院关于实施乡村振兴战略的意见》印发，提出要实施数字乡村战略，做好整体规划设计，加快农村地区宽带网络和第四代移动通信网络覆盖步伐，开发适应"三农"特点的信息技术、产品、应用和服务，推动远程医疗、远程教育等应用普及，弥合城乡数字鸿沟。

2019 年 5 月，《数字乡村发展战略纲要》印发实施，提出建设数字乡村的十项重点任务，包括加快乡村信息基础设施建设、发展农村数字经济、强化农业农村科技创新供给、建设智慧绿色乡村、繁荣发展乡村网络文化、推进乡村治理能力现代化、深化信息惠民服务、激发乡村振兴内生动力、推动网络扶贫向纵深发展、统筹推动城乡信息化融合发展。

2020 年以来，中央网信办会同农业农村部等有关部门联合印发《关于开展国家数字乡村试点工作的通知》，确定 117 个县（市、区）为国家数字乡村试点地区，建立由 44 个部门（单位）组成的数字乡村发展统筹协调机制。《数字乡村发展行动计划（2022—2025 年）》《数字乡村标准体系建设指南》相继发布。

浙江、河北、江苏等22个省份相继出台数字乡村发展政策文件，数字乡村建设加速推进，政策体系更加完善，统筹协调、整体推进的工作格局初步形成。

2021年初，《中共中央　国务院关于全面推进乡村振兴加快农业农村现代化的意见》发布，提出实施数字乡村建设发展工程；2022年1月，《中共中央　国务院关于做好2022年全面推进乡村振兴重点工作的意见》发布，提出大力推进数字乡村建设……

一场围绕农业农村现代化开展的大规模乡村"数字革命"正在发生，乡村生产、生态、生活的数字化转型已迈出坚实有力的步伐，并取得了阶段性成果。

——乡村数字基础设施快速发展

数字技术与农业逐步融合，农村宽带通信网、移动互联网、数字电视网和下一代互联网加速发展，城市农村"同网同速"持续推进，农村宽带网络质量加快优化提升。全面实施信息进村入户工程，构建为农综合服务平台。农村地区水利、公路、电力、冷链物流、农业生产加工等基础设施的数字化、智能化转型加快，智慧水利、智慧交通、智能电网、智慧农业、智慧物流建设深入开展。

《数字中国发展报告（2021年）》显示，在乡村数字基础设施方面，我国行政村、脱贫村通宽带率达100%，行政村通光纤、通 4G 比例均超过 99%，农村地区互联网普及率提升到 57.6%，城乡地区互联网普及率差异缩小 11.9 个百分点。在农民数字素养与技能培训方面，《提升全民数字素养与技能行动纲要》全面实施，聚焦数字生活、数字工作、数字学习和数字创新四大应用场景，着力提升农民对数字化"新农具"的使用能力。

——乡村数字经济蓬勃兴起

党的十九届五中全会明确提出，要强化农业科技和装备支撑，建设智慧农业，为助推数字经济与农业农村经济融合发展指明了方向。我国数字乡村建设创新能力持续提升，数字技术深度赋能种植、养殖、畜牧等各领域，乡村产业数字化升级步伐加快，智慧农业应用场景全面落地，农业生产信息化水平不断提升，给乡村经济发展装上"数字大脑"，为乡村全面振兴注入"数智"动力。

重庆市渝北区大盛镇青龙村是典型的丘陵地貌，土地分散且不规整，没有耕作优势，一度是个"空心村"。2021 年，青龙村开始实施柑橘基地智慧农业项目，打造了全国首个丘陵山地数字化无人果园。无人果园项目实现节水 60% 以上，亩均节约化肥 10 公斤以上，过程管理费用降低 50% 以上，亩均增收 8000 元，闯出了一条丘陵山地数字农业发展新路子，成为城市近郊发展数字乡村的范例。目前，国内种养业生产物联网深化运用，设施农业智能监控、智慧果园、智慧畜牧、智慧养殖、无人机植保、无人驾驶农机等也在快速发展。

农村电商快速发展，有力促进农村消费升级，市民进村游、农民进城游、休闲农业等业态蓬勃发展，农村电商产业园、订单农业、农村直播带货等一批新业态、新应用如雨后春笋般不断涌现，网络链接乡村与城市，沟通田间地头与商家用户，为广阔乡村搭建了农产品流通新平台、拓宽了农民增收新渠道，激活乡村振兴的巨大潜能。2021 年，全国农产品电商网络零售额突破 4300 亿元。

——乡村治理数字化深入推进

习近平总书记指出："一些地方探索在村庄建立网上服务站点，实现网上办、马上办、全程帮办、少跑快办，受到农民广泛欢迎。要加快健全乡村便民服务体系。"随着数字乡村建设深入推进，我国县乡政务信息服务平台日益完善，农业农村大数据平台、相关业务网站加速建设，村务管理、产业管理、网络办事、网络服务等加快推广运用，一些贴近农民现实需要的数字化应用场景不断涌现，极大提升了乡村治理水平。

位于浙江省北部、长三角腹地的德清县，因为接入了一批市场化智慧农业系统，种养殖户们点点手机就能给鱼塘增氧、给番茄浇水施肥，还能第一时间掌握市场供需信息……这便是呈现在当地村委会大屏上的"数字乡村一张图"。3 万多路视频、2400 多个农业设备监测点，以及覆盖城乡的生活污水、垃圾分类、交通设施等 10 多个物联感知网络一起，组成了触达乡村角角落落的"神经末梢"，采集的动态数据经过复杂算法，形成能够精准映射乡村"人地物事"、实时监测乡村"生命体征"的数字孪生乡村，实现了"一屏感知全域、一图掌握全城"，有效缩小了城乡数字化进程的差距。

民为国基，谷为民命。

2022 年 4 月，习近平总书记在海南考察时强调："中国人的饭碗要牢牢端在自己手中，就必须把种子牢牢攥在自己手里。要围绕保障粮食安全和重要农产品供给集中攻关，实现种业科技自立自强、种源自主可控，用中国种子保障中国粮食安全。"

加快数字化管理是新形势下筑牢国家粮食安全的有力支撑和坚实保障。中央网信办、农业农村部、国家发展改革委、工业和信息化部、国家乡村振兴局五部门联合印发《2022 年数字乡村发展工作要点》，明确了构筑粮食安全数字化屏障等 10 个方面重点任务。近年来，吉林省强化数字化手段应用、统筹各部门数据资源，加快推进黑土地保护"一张图"大数据信息平台建设，固化各部门、各年度、各项黑土地保护措施地理坐标，动态展现黑土地面积、分布、质量等级变化，为精准决策、精准保护提供强有力支撑。与此同时，大力推广保护性耕作"梨树模式"，组织专家编写技术手册，适时组织召开现场会，加快提升"梨树模式"技术到位率，有效保护好黑土地这一"耕地中的大熊猫"。

数字乡村战略的深入实施，为全面推进乡村振兴交上了一份亮眼的成绩单。截至 2021 年底，全国 51.2 万个行政村全面实现"村村通宽带"，我国农村网络零售额达 2.05 万亿元，全国农村网商、网店达 1632.5 万家，全国统一的医保信息平台系统建成，实现跨省异地就医自助备案和住院直接结算，"互联网 + 教育""互联网 + 医疗健康"持续发展，优质教育和医疗资源向农村地区下沉，全国中小学（含教学点）互联网接入率达 100%，县（区、市）远程医疗覆盖率超过 90%，广大农民群众在信息化发展中有更多获得感、幸福感、安全感。

暖暖远人村，依依墟里烟。

乡村里的中国是乡土中国，是每一个中国人的根，寄托着人们最诗意的乡愁。

民族要复兴，乡村必振兴。《数字乡村发展战略纲要》部署要求，到 2025 年，数字乡村建设取得重要进展。到 2035 年，数字乡村建设取得长足进展，城乡数字鸿沟大幅缩小，农民数字化素养显著提升，农业农村现代化基本实现，城乡基本公共服务均等化基本实现，乡村治理体系和治理能力现代化基本实现，生态宜居的美丽乡村基本实现。到 21 世纪中叶，全面建成数字乡村，助力乡村全面振兴，全面实现农业强、农村美、农民富。

四海乐康民富寿，南风吹郭不胜香。

党的十八大以来，以习近平同志为核心的党中央团结带领全党全国各族人民砥砺前行，组织了气壮山河的脱贫攻坚人民战争，攻克了一个又一个贫中之贫、坚中之坚，在中华大地上全面建成了小康社会。今天，全党全国各族人民正在意气风发向着全面建成社会主义现代化强国的第二个百年奋斗目标迈进。面向新时代新征程，我们将以习近平总书记关于网络强国的重要思想为指导，坚持以人民为中心的发展思想，充分发挥网络、数据、技术等新要素的作用，以数字技术与农业农村深度融合为主攻方向，发展乡村数字经济，弥合城乡数字鸿沟，繁荣乡村网络文化，提升乡村数字治理效能，让广大人民群众在数字乡村建设中有更多获得感、幸福感、安全感，为全面推进乡村振兴战略，加快建设网络强国、数字中国、智慧社会而努力奋斗。

天地江山一心牵

——关于走好网上群众路线

天地之大，黎元为本；百年大党，人民至上。

群众路线是我们党的生命线和根本工作路线，是我们党永葆青春活力和创造力、凝聚力、战斗力的重要传家宝。回顾党的百年奋斗历程，群众路线贯穿党的全部工作之中，在理论与实践相结合中不断丰富、创新和发展。我们党始终坚持全心全意为人民服务的根本宗旨，把走好群众路线摆在突出位置，坚持一切为了群众，一切依靠群众，从群众中来，到群众中去，把党的正确主张转变为群众的自觉行动，始终保持与人民群众的血肉联系，同人民群众同呼吸、共命运、心连心，团结带领全国各族人民创造了一个又一个彪炳史册的人间奇迹。

中国特色社会主义进入新时代，世情国情党情发生深刻变化，人民群众的新需求新期待日益增多，对走好党的群众路线提出了新的任务和要求。特别是随着信息时代的到来，互联网已经广泛渗透到经济社会发展的各个领域，成为人们生产生活、交流交往、创新创造的新平台，网络空间已经成为我们党密切联系群众的新渠道。群众在哪里，群众工作就要做到哪里。亿万网民上了网，民意也就上了网，组织群众、宣传群众、凝聚群众、服务群众的工作也需要向网上拓展和延伸。

党的十八大以来，以习近平同志为核心的党中央深刻把握信息时代党的群众工作的特点和规律，坚持马克思主义基本立场观点方法，创造性提出走好网上群众路线这一重大论断，对党员领导干部学网懂网用网提出明确要求，为做好新时代网上群众工作指明了前进方向、提供了根本遵循。十年来，党的各级组织和广大党员领导干部充分发挥互联网通达亿万群众、连接党心民心的独特优势，通过互联网问政于民、问需于民、问计于民，更好倾听民声、尊重民意、顺应民心，让互联网成为我们党深入基层、深入实际、深入群众的新渠道、新阵地、新空间，让群众路线这个党的传家宝不断焕发出新的生机和活力。

深刻洞察信息时代发展大势，开辟党的群众路线理论和实践新境界

江山就是人民，人民就是江山。中国共产党领导人民打江山、守江山，守的是人民的心。从陕北梁家河到首都北京，从华北平原到沿海之滨，从农村大队党支部书记到党的总书记，悠悠几十载，习近平这位"黄土地的儿子"始终把人民放在心中最高的位置。

陕北梁家河的七年知青岁月，青年习近平自觉接受农村艰苦生活的考验，闯过了跳蚤关、饮食关、生活关、劳动关、思想关，赢得了人民群众的口碑，成为村里生产劳动的好把式、基层党组织的带头人，黄土地培育了他深厚的人民情怀。正如

他在《我是黄土地的儿子》一文中写道："作为一个人民公仆，陕北高原是我的根，因为这里培养出了我不变的信念：要为人民做实事！"

1989年，时任宁德地委书记的习近平在《干部的基本功——密切联系人民群众》一文中深刻阐释了如何锤炼密切联系群众这个基本功。"无论是从发挥党的领导作用，还是从调动群众积极性这两方面说，都要求我们的各级干部始终同广大人民群众保持密切的血肉联系。这就是干部的一项十分重要的基本功。""党员干部必须密切联系群众，这不能仅是一句口号，而应当化为实实在在的行动。""走群众路线，首先要有一个群众观点。'诚于中者，形于外'，有了群众观点，密切联系群众才会成为自觉的行动。其次，要经常深入基层、深入群众，积极疏通和拓宽同人民群众联系的渠道。"

2012年11月，习近平总书记在十八届中共中央政治局常委同中外记者见面时指出："人民是历史的创造者，群众是真正的英雄。人民群众是我们力量的源泉。""我们一定要始终与人民心心相印、与人民同甘共苦、与人民团结奋斗，夙夜在公，勤勉工作，努力向历史、向人民交出一份合格的答卷。"2012年12月4日，十八届中共中央政治局会议审议通过了《十八届中央政治局关于改进工作作风、密切联系群众的八项规定》。2013年，以习近平同志为核心的党中央高瞻远瞩、审时度势，作出了在全党深入开展党的群众路线教育实践活动的重大部署。

密切联系群众是我们党的最大政治优势，脱离群众是我们党执政后的最大危险。

当今时代，以互联网为代表的网络信息技术日新月异，引领了社会生产新变革，创造了人类生活新空间，拓展了国家治理新领域。截至 2022 年 6 月，我国网民规模已达 10.51 亿，互联网普及率达 74.4%，网民人均每周上网时长 29.5 个小时，我国形成了全球最为庞大的数字社会。习近平总书记强调："过不了互联网这一关，就过不了长期执政这一关。"网络空间已经成为信息化条件下我们党重要的执政环境。进入信息时代，党如何更好治国理政，如何始终保持同人民群众的血肉联系，如何更加广泛凝聚共识，既是一个重大的理论问题，又是一个紧迫的实践课题。网上群众路线的提出，正是立足时代背景、针对现实问题、着眼未来发展作出的科学回答。

2016 年 4 月 19 日，在网络安全和信息化工作座谈会上，习近平总书记明确提出要通过网络走群众路线，"善于运用网络了解民意、开展工作，是新形势下领导干部做好工作的基本功。""网民来自老百姓，老百姓上了网，民意也就上了网。群众在哪儿，我们的领导干部就要到哪儿去，不然怎么联系群众呢？各级党政机关和领导干部要学会通过网络走群众路线，经常上网看看，潜潜水、聊聊天、发发声，了解群众所思所愿，收集好想法好建议，积极回应网民关切、解疑释惑。"

2018 年 4 月 20 日，在全国网络安全和信息化工作会议上，习近平总书记强调："各级领导干部特别是高级干部要主动适应信息化要求、强化互联网思维。""党员领导干部要自觉学网、懂网、用网，不断提高对互联网规律的把握能力、对网络舆论的引导能力、对信息化发展的驾驭能力、对网络安全的保障能力。""要走好网上群众路线，提高通过互联网组织群众、宣传群众、引导群众、服务群众的本领，让互联网成为我们同群众交流沟通的新平台，成为了解群众、贴近群众、为群众排忧解难的新途径，成为发扬人民民主、接受人民监督的新渠道。"走好网上群众路线，是新形势下对党密切联系群众这一优良传统的继承和创新，开辟了党的群众路线理论和实践的新境界，为广大党员干部在信息化条件下进一步做好群众工作指明了前进方向、提供了根本遵循。

2019 年 1 月，《中共中央关于加强党的政治建设的意见》印发实施，明确要求"改进和创新联系群众的途径方法，坚持走好网上群众路线"。2019 年 10 月，党的十九届四中全会通过《中共中央关于坚持和完善中国特色社会主义制度　推进国家治理体系和治理能力现代化若干重大问题的决定》，要求"贯彻党的群众路线，完善党员、干部联系群众制度，创新互联网时代群众工作机制"。

2019 年 10 月 24 日，十九届中共中央政治局就区块链技术发展现状和趋势进行第十八次集体学习。习近平总书记在讲话中指出："探索利用区块链数据共享模式，实现政务数据跨部门、跨区域共同维护和利用，促进业务协同办理，深化'最多跑一次'改革，为人民群众带来更好的政务服务体验。"

2022 年 3 月，在中央党校（国家行政学院）中青年干部培训班的"开学第一课"上，习近平总书记面对青年干部语重心长地指出："党的十八大以来，我们先后开展一系列集中学习教育，一个重要目的就是教育引导全党牢记中国共产党是什么、要干什么这个根本问题，始终保持党同人民的血肉联系。""要深入研究和准确把握新形势下群众工作的特点和规律，改进群众工作方法，提高群众工作水平。""领导干部要学网、懂网、用网，了解群众所思所愿，收集好想法好建议，积极回应网民关切。"

群众观点是马克思主义的基本观点，群众路线是党的根本工作路线。网上群众路线，既继承了党的群众路线一以贯之的理论品格、人民立场、实践品质，又丰富了其时代内涵、方法路径、基本要求，深刻回答了互联网发展为了谁、依靠谁的重大问题，是马克思主义基本立场观点方法在信息化条件下的运用发展，是新时代进一步提高党的执政能力、密切党群干群关系的重要创新成果，为信息时代保持党和群众血肉联系提供了理论武器和实践指南。

市民在河北雄安新区税务局 5G 智慧办税服务厅办理业务

推动网上群众路线走深走实，着力构建网上网下最大同心圆

树高千尺，其根必深；江河万里，其源必长。

走好网上群众路线，习近平总书记不仅擘画蓝图、指明方向，而且率先垂范、身体力行。

2015 年 12 月 25 日，习近平总书记视察解放军报社，亲手敲击键盘发出一条新媒体信息，向全军广大官兵致以新年祝贺，在广大网民中引发热烈反响。

2016 年 2 月 19 日，习近平总书记到人民日报社、新华社、中央电视台 3 家中央新闻单位调研。在人民日报社，习近平总书记通过新媒体平台发送语音信息，向全国人民致以元宵节的问候和祝福；在人民网演播室通过视频同人民日报记者连线，与福建宁德市赤溪村村民交流。在新华社和中央电视台，习近平总书记通过视频进行远程连线交流。

2018 年 2 月 12 日，习近平总书记来到成都市郫都区唐昌街道战旗村"精彩战旗"特色产业在线服务大厅。行程中，习近平总书记仔细观看 "互联网＋共享农业"互动种养平台，鼓励村民用好互联网、打开产销路子。习近平总书记赴地方考察时，多次为当地特色农产品"带货"。陕西柞水木耳、山西大同黄花、浙江安吉白茶、贵州"人民小酒"……这些农产品因为习近平总书记的"带货"一夜之间成为"网红"产品，习近平总书记被亿万网民亲切地称为"最强带货员"。

新年贺词中，习近平总书记用"朋友圈""给力"等网言网语与广大网民共鸣共情。"为了做好这些工作，我们的各级干部也是蛮拼的""我要为我们伟大的人民点赞""中国将永远向世界敞开怀抱，也将尽己所能向面临困境的人们伸出援手，让我们的'朋友圈'越来越大"……网络热词接连亮相新年贺词之中，让亿万网民倍感亲切和温暖。

善为治者，贵在求民之隐，达民之情。

习近平总书记指出："人心是最大的政治。做网上工作，不能见网不见人，必须下大气力做好人的工作，把广大网民凝聚到党的周围。"党的十八大以来，从中央到地方，各地各部门和广大党员干部自觉学网、懂网、用网，主动适应信息化要求，强化互联网思维，创新方式方法，不断探索新途径、搭建新平台、拓展新渠道，努力做到既会"键对键"又能"面对面"，推动网上群众路线走深走实，使互联网这个最大变量变成事业发展的最大增量，不断夯实和巩固党的执政基础。

——主动倾听网民心声，努力把网民所思所盼转化为政之所向

善于运用网络了解民意、开展工作，是新形势下做好群众工作的基本功。走好网上群众路线，就要充分发挥互联网即时性、参与性、互动性强的优势，推动广大党员干部通过网络听民声、察民情、知民意、解民忧，画好凝聚共识的同心圆。

2020年8月16日至29日，"十四五"规划编制工作在互联网上征求意见，这在我国五年规划编制的历史上还是第一次，网上留言达100多万条，有关方面从中整理出1000多条建议。习近平总书记对这次网上意见征求活动作出重要指示，强调要总结这次活动的经验和做法，在今后工作中更好发挥互联网在倾听人民呼声、汇聚人民智慧方面的作用，更好集思广益、凝心聚力。

召开党的二十大，是2022年党和国家政治生活中的一件大

事。很多网民发现，有关网站、客户端上都出现了一个醒目的专栏"我为党的二十大建言献策"。为贯彻落实习近平总书记重要指示精神，党的二十大相关工作网络征求意见活动于2022年4月15日至5月16日深入开展，人民日报社、新华社、中央广播电视总台所属官网、新闻客户端以及"学习强国"学习平台分别开设专栏，听取全社会意见建议，引发社会各界的积极踊跃参与……活动期间共收集各类意见建议留言超过854.2万条，这些意见建议蕴含着广大人民群众创造的新鲜经验，蕴含着反映客观实际的规律性认识，集中表达了人民对经济社会发展的自豪和对未来发展的期待。

2022年6月，习近平总书记关于研究吸收网民对党的二十大相关工作意见建议的重要指示指出，这次活动引起广大干部群众热情关注、积极参与，提出了许多具有建设性的意见和建议，有关方面要认真研究、充分吸收。要总结这次活动的成功做法，走好新形势下的群众路线，善于通过互联网等各种渠道问需于民、问计于民，更好倾听民声、尊重民意、顺应民心，把党和国家各项工作做得更好。

围绕党的二十大相关工作通过网络征求意见，是党的历史上第一次将党的全国代表大会相关工作面向全党全社会公开征求意见，充分彰显了以习近平同志为核心的党中央发扬民主、集思广益的优良作风，是中国共产党坚持以人民为中心、尊重人民主体地位、走好群众路线的重要体现，也是适应互联网时代新要求、推进国家治理体系和治理能力现代化的有益探索。

众智谋事必明，众力举事必成。

近年来，各大主流新闻网站纷纷开设留言建议栏目，开通网上民意直通车，畅通民意表达新渠道；有些地方通过"智慧党建"平台收集群众意见建议，实现服务群众"零距离"；有些地方探索构建"群众说事、干部解题"工作机制，以"互联网＋治理"为抓手，线上线下联动，着力解决群众的操心事、烦心事、揪心事；还有些地方通过开展"党旗领航·电商扶贫"等活动，利用网络平台助力乡村振兴和农户脱贫增收；等等。

一大批践行网上群众路线的优秀账号如雨后春笋般不断涌现。在 2020 年度"网聚'政'能量　共筑同心圆——各地走好网上群众路线典型案例征集展示活动"中，160 个案例获选"各地走好网上群众路线典型案例"；在 2021 年"走好网上群众路线百个成绩突出账号推选活动"中，中央和国家机关有关部门、各地网信办、商业网站平台积极参与，最终推选出中央纪委国家监委网站微信公众号、共产党员微信公众号等 100 个积极利用互联网倾听群众呼声、服务群众需求的优秀账号。

——积极回应网民诉求，畅通为群众办实事解难题的网上渠道

当前，互联网在提供社会公共服务、满足人民群众需求、

解决急难愁盼问题等方面的作用日益凸显。走好网上群众路线，就要充分发挥信息化在推进国家治理体系和治理能力现代化过程中的重要作用，不断提升社会公共服务的能力和水平，更好满足人民群众对美好生活的向往。

党的十八大以来，以习近平同志为核心的党中央高度重视电子政务、数字政府建设发展，作出一系列重大部署。2019年，党的十九届四中全会首次提出推进数字政府建设，明确指出创新行政管理和服务方式，加快推进全国一体化政务服务平台建设，健全强有力的行政执行系统，提高政府执行力和公信力。

近年来，以国家政务服务平台为总枢纽的全国一体化政务服务平台建设成效逐步显现，形成覆盖国务院部门、31个省（区、市）和新疆生产建设兵团的数据共享交换体系，各地各部门积极推进"互联网＋政务服务"，"掌上办""一网通办"让"一站式服务""最多跑一次"成为现实。目前，全国一体化政务服务平台实名用户超过10亿人，政务服务"一网通办"深入推进，各地区各部门积极开展政务服务改革探索和创新实践，政务服务便捷度和人民群众获得感显著提升。比如，人力资源和社会保障部以"一卡通"为载体，深入推进数字社保服务，截至2021年底，领用电子社保卡人数达5亿人，向群众提供全国"一网通办"服务62项，各省（区、市）开通属地服务1000余项。

同时，一大批地方政务服务App不断涌现，如"浙里办""粤省事""闽政通""随申办""北京通"……各地移动政务服务平台的"网名"火遍全网，这些既简洁明快又轻松活泼的名字，赢得了人民群众的好感和信赖。安徽打造"皖事通办"模式，截至2021年6月，移动端"皖事通"App装载量达到8400万次，接入各类服务8100余项；宁夏银川通过"问政银川"微博主页等多种方式，征集社会覆盖面广、民生关联度大的社会民生问题，及时回应群众问题，采纳意见建议，进一步推动相关部门办事制度优化完善；广东广州依托"令行禁止、有呼必应"综合指挥调度平台和"穗好办"平台，打造了全市互联互通的"党员志愿服务网上超市"，精准对接组织资源与群众需求，营造了"群众有事我来帮""群众心愿我来办"的浓厚氛围。

网民是网络空间的主体，是网上弘扬正能量、抵制负能量最广泛、最深厚、最持久、最有创造力的力量。习近平总书记指出："网民大多数是普通群众，来自四面八方，各自经历不同，观点和想法肯定是五花八门的，不能要求他们对所有问题都看得那么准、说得那么对。要多一些包容和耐心，对建设性意见要及时吸纳，对困难要及时帮助，对不了解情况的要及时宣介，对模糊认识要及时廓清，对怨气怨言要及时化解，对错误看法要及时引导和纠正。"当前，广大网民各种意见诉求在网上集中呈现，现实社会各类矛盾问题也经常通过互联网传导、扩散、发酵。针对这些问题，网信部门会同各地各部门积极构建网上网下联动工作格局，把网上发现问题与网下解决问题相结合，把网上舆论工作与自身业务工作相结合，倾听网民声音、回应网民关切，有效引导社会话题、解决实际问题。同时，充分发挥广大网民在传播正能量中的主体作用，大力加强网络文明建设，实施争做中国好网民工程、网络公益工程、网络文明伙伴行动，推动网络诚信理念更加深入人心，推出更多有温度、接地气、暖人心的网络原创作品，实现网民引导网民、网民教育网民，真正使广大网民成为正能量的生产者、传播者、引领者。

习近平总书记指出："网络空间是亿万民众共同的精神家园。网络空间天朗气清、生态良好，符合人民利益。网络空间乌烟瘴气、生态恶化，不符合人民利益。"我们"要本着对社会负责、对人民负责的态度，依法加强网络空间治理……为广大网民特别是青少年营造一个风清气正的网络空间"。近年来，全国网信战线坚持以清朗网络空间为目标，聚焦人民群众反映强烈、深恶痛绝的网上突出问题，深化网络生态治理，持续加大网络举报受理处置力度，深入开展"清朗"系列专项行动，针对"饭圈"乱象、互联网账号乱象、网络水军等突出问题出重拳、亮利剑，开展30多项专项治理，清理违法和不良信息200

多亿条、账号近 14 亿个，全面覆盖各类网络传播渠道和平台，有效遏制违法违规信息蔓延态势。同时，加快推进网络空间法治化进程，强化数据安全管理和个人信息保护，严厉打击非法买卖个人信息、电信网络诈骗等违法犯罪活动，有力保障和维护人民群众的合法权益。在各地各部门的共同努力下，网络空间日益清朗，网络生态持续向好，赢得了人民群众的欢迎和好评。

——自觉接受网民监督，不断提升服务群众的能力和水平

互联网为发扬人民民主、接受人民监督提供了新渠道。走好网上群众路线，就要积极利用互联网新技术新应用，建立互联网监督平台，完善网上信访、网上投诉等监督渠道，通过政务微博、网络论坛、网上留言板等，以诚恳态度和务实作风认真听取群众意见建议，更好地发现短板、改进工作、提升水平。

推动党务政务信息公开，是接受网民监督的重要基础工作。截至 2021 年 12 月，我国政府网站达 14566 个，除中国政府网外，国务院部门及其内设、垂直管理机构共有政府网站 890 个；省级及以下行政单位共有政府网站 13675 个。各地各部门政府网站常设栏目中，信息公开类栏目数量最多，政务动态栏目和网上办事类栏目位列其次。通过网上信息公开和互动交流，各地各部门联系群众、服务群众的自觉性和主动性显著增强。

为推动党中央、国务院重大决策部署贯彻落实，便捷高效

回应群众关切，2019年国务院"互联网＋督查"平台正式上线运营，面向社会征集线索和意见建议。国务院办公厅将收到的问题线索和意见建议汇总整理，督促有关地方、部门进行处理，针对企业和群众反映强烈、带有普遍性的重要问题线索，国务院办公厅督查室直接派员督查，对于查证属实、较为典型的问题，予以公开曝光、严肃处理。3年来，国务院"互联网＋督查"平台成为公认的政府系统通报频率最高、通报问题最翔实、通报内容最权威的监督平台。截至目前，已有吉林、浙江、安徽、河南等多个省份上线运行省级"互联网＋督查"平台，强化社会监督，回应民生关切，提高办事效能。利用互联网建立常态化督查结果公开反馈机制，有效促进了地方政府和有关部门举一反三自查自纠，也进一步提升了党和政府的公信力，推动形成了线上线下、多措并举的常态化监督机制。

2021年4月，中央纪委国家监委"我为群众办实事·纪委请您来出题"专栏在网站、微信公众号、客户端等平台同时上线，通过12个重点留言领域，面向全社会公开征集"整治群众身边腐败和不正之风"选题。收到群众留言后，工作人员按照建议、诉求、咨询、举报4种类型分类进行办理，对反映具体的诉求类留言，按照问题所在地域进行汇总，转送相关省级纪委监委督促相关地方或部门处置；对举报类留言，中央纪委国家监委筛选反映具体、有典型性的问题线索进行督办。专栏开通后，仅 7 个多月时间，总访问量超过 8200 万次，收到 120 万余条网民留言，涉及教育医疗、生态环保、乡村振兴、养老社保、执法司法等方方面面，新颖务实的网上互动获得了广大网民的一致好评，对留言进行办理，有效推动了群众反映强烈的"急难愁盼"问题解决。

一根根网线，上通党情、下连民心，把党和人民更加紧密地联系在一起。在走好网上群众路线的生动实践中，广大党员领导干部通过互联网与群众面对面、键对键、心连心，主动宣介、积极引导、热心帮助、有效服务，进一步筑牢了亿万人民团结奋斗的共同思想基础。

河北省石家庄市新华区康庄学校学生在城市馆参观，了解智慧城市板块知识　　　　　　　　　　　　　　　　　　图 / 视觉中国

坚持以人民为中心的发展思想，让互联网发展成果更好造福亿万人民

当前，数字化、网络化、智能化发展日新月异，为互联网便民、利民、惠民创造了广阔空间。习近平总书记多次强调："网信事业要发展，必须贯彻以人民为中心的发展思想。""把增进人民福祉作为信息化发展的出发点和落脚点。""提升广大人民群众在网络空间的获得感、幸福感、安全感。"

2021年出台的"十四五"规划和2035年远景目标纲要指出，"加快建设数字经济、数字社会、数字政府，以数字化转型整体驱动生产方式、生活方式和治理方式变革""将数字技术广泛应用于政府管理服务，推动政府治理流程再造和模式优化，不断提高决策科学性和服务效率"。

《"十四五"推进国家政务信息化规划》提出，到2025年，政务信息化建设总体迈入以数据赋能、协同治理、智慧决策、优质服务为主要特征的融慧治理新阶段，并逐步形成平台化协同、在线化服务、数据化决策、智能化监管的新型数字政府治理模式。

2022年4月19日，中央全面深化改革委员会审议通过了《关于加强数字政府建设的指导意见》。习近平总书记在主持会

议时强调，要全面贯彻网络强国战略，把数字技术广泛应用于政府管理服务，推动政府数字化、智能化运行，为推进国家治理体系和治理能力现代化提供有力支撑。

一系列重大决策，一项项具体部署，标志着我国数字政府建设驶入快车道。面向未来，互联网政务服务将实现从以信息服务为主的单向服务向跨部门、跨层级、跨区域一体化政务服务的跨越发展，共享、互通、便利，已成为政府服务的新趋势。

"城市，让生活更美好。"城市是人类文明的载体，也是科技发展的摇篮。习近平总书记一直关注新型智慧城市的建设，明确指出要"分级分类推进新型智慧城市建设，打通信息壁垒，构建全国信息资源共享体系，更好用信息化手段感知社会态势、畅通沟通渠道、辅助科学决策"。

新型智慧城市，本质上是以信息为主导、网络为支撑、数据为要素、服务为根本的网络信息体系。2019年11月3日，习近平总书记在上海调研时强调，要抓一些"牛鼻子"工作，抓好"政务服务一网通办""城市运行一网统管"。2020年3月31日，在杭州城市大脑运营指挥中心，习近平总书记强调"从信息化到智能化再到智慧化，是建设智慧城市的必由之路，前景广阔"。

数据显示，截至目前我国95%的副省级城市、83%的地级城市，总计超过500座城市，均明确提出或正在建设智慧城市，通过现代信息技术的创新应用，不断提升城市治理现代化水平和政府服务效能，为推动高质量发展注入强劲动力。

数字乡村建设让越来越多的人享受到更加便捷普惠的网络服务。目前，全国 51.2 万个行政村已全面实现"村村通宽带"，农村互联网普及率已达 58.8%；远程医疗会诊服务平台逐步覆盖全国农村地区，老百姓足不出户就能看上病、看好病；"互联网＋教育"让更多的山区孩子通过网上同步课堂就能享受到优质的教育资源……

新型智慧城市、智慧政务系统、城镇政务服务大厅"政务晓屋"、村头的公共数字服务站……综合性、系统化、智能化的服务体系，激活了政务"神经末梢"，畅通了服务"毛细血管"。

"互联网＋教育"、远程医疗、数字文旅、智慧交通……数字技术在重点民生领域的创新应用，为构建人民群众美好数字生活新图景开辟了广阔空间。

县委书记直播带货、市委书记上网推介、省委书记网事网办……访民问情的方式和载体更加灵活多样，但不变的是全心全意为人民服务的初心。

一"网"情深，一路前行，源于对人民的深厚感情。

在 2019 年 3 月出访意大利期间，面对意大利众议长的提问，习近平总书记回答道："我将无我，不负人民。我愿意做到一个'无我'的状态，为中国的发展奉献自己。"这是人民领袖对亿万人民最深情的告白。

党的十八大以来，以习近平同志为核心的党中央坚持以人民为中心的发展思想，鲜明提出走好网上群众路线，引领广大党员干部自觉学网懂网用网，通过互联网更好地深入群众、联系群众、服务群众，努力实现发展为了人民、发展依靠人民、发展成果由人民共享，赢得了人民群众的坚定支持和衷心拥护。面向新时代新征程，网信战线将深入学习宣传贯彻党的二十大精神，在习近平新时代中国特色社会主义思想特别是习近平总书记关于网络强国的重要思想指引下，进一步走深走实网上群众路线，构筑网上网下同心圆，为全面建设社会主义现代化国家、全面推进中华民族伟大复兴广泛汇聚磅礴力量！

九、天地江山一心牵

景物无穷世界宽

——关于推动构建网络空间命运共同体

当今世界，新一轮科技革命和产业变革不断向纵深演进，引领和推动人类进入信息时代。互联网让世界变成了"地球村"，国际社会越来越成为你中有我、我中有你的命运共同体。党的十八大以来，习近平总书记以马克思主义政治家、思想家、战略家的恢宏气魄和远见卓识，敏锐洞察全球互联网发展大势，深刻把握数字化、网络化、智能化的时代潮流，着眼信息时代人类的前途命运和共同福祉，深入思考构建什么样的网络空间、如何构建网络空间等重大课题，创造性提出构建网络空间命运共同体的理念主张，全面系统深入地阐释了全球互联网发展治理的一系列重大理论和实践问题，为网络空间的未来擘画了美好愿景、指明了发展方向。构建网络空间命运共同体日益成为国际社会的广泛共识和积极行动，不断彰显造福人类、影响世界、引领未来的强大力量。

深刻洞察世界之变、时代之变、历史之变，贡献全球互联网发展治理的中国方案

当今世界正经历百年未有之大变局，一方面，和平、发展、合作、共赢的历史潮流不可阻挡；另一方面，霸权霸道霸凌行径危害深重，和平、发展、安全、治理等方面赤字加重，人类社会面临前所未有的挑战。全人类的前途命运，始终是习近平

总书记关心的重大课题。

2013年3月23日，担任国家主席后的习近平首次出访，在莫斯科国际关系学院发表重要演讲。

"这个世界，各国相互联系、相互依存的程度空前加深，人类生活在同一个地球村里，生活在历史和现实交汇的同一个时空里，越来越成为你中有我、我中有你的命运共同体。"这是习近平总书记第一次提出"人类命运共同体"的重要理念。

2014年，中国迎来全功能接入国际互联网20周年。同年，中央网络安全和信息化领导小组成立，习近平总书记亲自担任组长。领导小组第一次会议在北京召开，"努力把我国建设成为网络强国"首次被确立为重要战略目标。中国作为一个负责任的大国，在努力从网络大国向网络强国迈进的同时，从未忘记担负的国际责任，致力于把中国互联网发展置身于国际互联网发展全局下谋划，积极向世界贡献推进全球互联网治理体系变革的中国智慧。

同年7月，习近平总书记在巴西国会发表题为《弘扬传统友好 共谱合作新篇》的演讲，首次就应该建立什么样的网络空间、构建什么样的国际互联网治理体系提出中国主张："国际社会要本着相互尊重和相互信任的原则，通过积极有效的国际合作，共同构建和平、安全、开放、合作的网络空间，建立多边、民主、透明的国际互联网治理体系。"中国政府的开放姿态和鲜明立场，在海内外引起热烈反响。

2015 年 12 月 16 日，第二届世界互联网大会在中国浙江乌镇开幕。会上，习近平总书记首次向世界发出"构建网络空间命运共同体"的倡议："网络空间是人类共同的活动空间，网络空间前途命运应由世界各国共同掌握。各国应该加强沟通、扩大共识、深化合作，共同构建网络空间命运共同体。"

这次大会中，习近平总书记深刻指出了全球互联网面临的共同挑战："互联网领域发展不平衡、规则不健全、秩序不合理等问题日益凸显。不同国家和地区信息鸿沟不断拉大，现有网络空间治理规则难以反映大多数国家意愿和利益；世界范围内侵害个人隐私、侵犯知识产权、网络犯罪等时有发生，网络监听、网络攻击、网络恐怖主义活动等成为全球公害。"

习近平总书记站在网络空间人类前途命运的战略高度，直面世界互联网发展的共同问题，提出了推进全球互联网治理体系变革的"四项原则"和构建网络空间命运共同体的"五点主张"，强调要"尊重网络主权""维护和平安全""促进开放合作""构建良好秩序"，倡导"加快全球网络基础设施建设，促进互联互通""打造网上文化交流共享平台，促进交流互鉴""推动网络经济创新发展，促进共同繁荣""保障网络安全，促进有序发展""构建互联网治理体系，促进公平正义"。"四项原则""五点主张"明确了构建网络空间命运共同体的基本原则和实践路径，为全球互联网发展治理提供了中国方案、贡献了中国智慧。

构建网络空间命运共同体体现了对信息时代人类社会发展规律的深刻把握，开启了全球互联网发展治理的新篇章，得到了国际社会的普遍认同和积极响应。国际电信联盟、世界经济论坛等国际组织相关负责人点赞习近平总书记主旨演讲，认为中国为全球互联网治理注入新力量；海外主流媒体对构建良好网络秩序、制定网络空间国际反恐公约以及促进开放合作等话题予以高度关注，称赞"习近平为构建网络空间命运共同体提出'中国方案'"。

此后，习近平总书记在多个场合就构建网络空间命运共同体进行深刻阐释，让这一重要理念日益深入人心。

2016年11月16日，在第三届世界互联网大会开幕式上的视频讲话中，习近平总书记强调，"推动网络空间实现平等尊重、创新发展、开放共享、安全有序的目标"。十六字目标掷地有声，饱含着创造世界互联网美好未来的真诚心愿。

2017年12月3日，习近平总书记向第四届世界互联网大会致贺信强调："我们倡导'四项原则'、'五点主张'，就是希望与国际社会一道，尊重网络主权，发扬伙伴精神，大家的事由大家商量着办，做到发展共同推进、安全共同维护、治理共同参与、成果共同分享。"在推进全球互联网治理体系变革的关键时期,习近平总书记用"四个共同"进一步为变革中的世界指明前进方向和实践路径。

构建网络空间命运共同体,根植于"天下一家""世界大同"的中国智慧,充盈着对人类共同命运与人类福祉的深切关怀,是人类命运共同体理念在网络空间的具体体现和运用,彰显出一个复兴中的古老东方大国在信息时代的智慧与担当。在习近平总书记关于构建网络空间命运共同体的理念主张引领下,中国真诚地与世界各国分享互联网发展经验和机遇,诚挚欢迎各国搭乘中国互联网发展"快车",奏响了共同发展的华美乐章,以实际行动赢得了国际社会特别是广大发展中国家的广泛赞许。

深入推进全球互联网治理体系变革,让互联网更好造福世界各国人民

当前,国际格局加速演变,全球互联网治理体系发生深刻变化。如何发展互联网、用好互联网、治理互联网,已经成为国际社会面临的共同问题。

2018年4月,全国网络安全和信息化工作会议召开,习近平总书记深刻指出:"推进全球互联网治理体系变革是大势所趋、

人心所向。国际网络空间治理应该坚持多边参与、多方参与，发挥政府、国际组织、互联网企业、技术社群、民间机构、公民个人等各种主体作用。"

互联网飞速发展，没有哪个国家能够独自应对网络空间带来的各种风险挑战，也没有哪个国家能够退回到自我封闭的孤岛。发展好、运用好、治理好互联网，让互联网更好造福人类，是国际社会的共同责任。

中国积极发挥负责任大国作用，深入参与搭建全球性、区域性多层次互联网治理平台，推动世界各国特别是发展中国家的政府、企业、民间团体等在互联网国际治理领域积极发声、密切交流、深化合作，与世界各国共享互联网发展成果，凝聚全球网络空间治理共识，为推进全球互联网治理体系变革、构建网络空间命运共同体发挥积极作用，中国方案日益深入人心。

——积极搭建网络空间国际交流合作平台

2014年11月，长城脚下，雁栖湖畔，亚太经合组织（APEC）第二十二次领导人非正式会议在这里举行。走过25年历程的APEC会议，在这一周里烙下了深深的"北京印记"。

4次高规格多边会议，20多场双边会见⋯⋯2014年11月7日至11日，习近平总书记主持、出席APEC北京周系列活动，密集会晤各方政要，以大国领袖的远见卓识、胸襟气魄和风度魅力，谈亚太发展、倡互联互通、讲中国改革，为共建面向未来的亚太伙伴关系提振信心、凝聚共识、绘就蓝图。

"我们将推动经济转型，挖掘互联网经济、蓝色经济和绿色经济等新领域增长潜力""我们支持互联网经济发展合作"……APEC 领导人在北京批准《亚太经合组织经济创新发展、改革与增长共识》，通过《亚太经合组织促进互联网经济合作倡议》，首次将互联网经济引入 APEC 合作框架……面对经济发展的诸多挑战，APEC 北京会议取得丰硕成果，凝聚广泛共识，为破解时代难题提供了亚太方案。

中国搭台，全球共享。

2014 年，在全功能接入国际互联网 20 周年之际，中国已拥有 6.4 亿网民、5.3 亿移动宽带用户、近 13 亿手机用户，是举世瞩目的网络大国。正是在这一年，中国创办了世界互联网大会，并将会址永久设在浙江乌镇。这是中国举办的规模最大、层次最高的互联网大会，也是世界互联网领域盛况空前的一场高峰会议。

小桥流水与数字浪潮在这里激荡，千年古镇与现代文明在这里交相辉映。从《乌镇展望》到展示全球前沿领先科技成果的"互联网之光"博览会，再到全面反映中国和世界互联网发展情况的世界互联网大会蓝皮书，大会成果愈加丰硕。

2017 年，在第四届世界互联网大会上，中国、老挝、沙特、塞尔维亚、泰国、土耳其、阿联酋等国家相关部门共同发起《"一带一路"数字经济国际合作倡议》，致力于实现互联互通的"数字丝绸之路"；2019年，世界互联网大会组委会发布《携手构建网络空间命运共同体》概念文件，全面阐释"构建网络空间命运共同体"理念的时代背景、基本原则、实践路径和治理架构，并倡议国际社会携手合作；2020年，世界互联网大会组委会发布《携手构建网络空间命运共同体行动倡议》，进一步将构建网络空间命运共同体的理念转化为实际行动……这些无不体现着中国与世界各国在网络空间深化合作的真诚愿望。

如今，世界互联网大会已走入第九个年头，"构建网络空间命运共同体"成为大会永久主题。同时，大会每一年都会针对性地设置新的议题："互联互通 共享共治""创新驱动 造福人类""迈向数字文明新时代"……在变与不变中，世界互联网大会不断探寻着携手构建网络空间命运共同体的时代答案。

行之力则知愈进，知之深则行愈达。

中国国际数字产品博览会、中国国际软件博览会、世界机器人大会、世界人工智能大会、世界VR产业大会……越来越多的互联网领域国际交流活动在中国举办，中国以更加开放的姿态，与世界各国在网络空间广泛交流合作，与国际社会在网络空间共享创新成果；中国互联网治理论坛、中英互联网圆桌会议、中德互联网经济对话、中非互联网发展与合作论坛……

中国搭建起一个个对话交流合作的国际平台，为全球网络空间的开放共享、互利共赢作出了重要贡献。

——着力推动联合国框架下的国际治理进程

2021年10月25日，习近平总书记在北京出席中华人民共和国恢复联合国合法席位50周年纪念会议并发表重要讲话："我们应该坚决维护联合国权威和地位，共同践行真正的多边主义。推动构建人类命运共同体，需要一个强有力的联合国，需要改革和建设全球治理体系。"他强调，世界各国应该维护以联合国为核心的国际体系、以国际法为基础的国际秩序、以联合国宪章宗旨和原则为基础的国际关系基本准则。

针对互联网领域国际热点问题，中国一贯主张发挥联合国的主渠道作用，倡导基于《联合国宪章》确立的原则和规则体系，积极参与网络空间国际治理进程，先后推动联合国"双轨制"谈判进程达成最终报告、发起"中国互联网治理论坛（IGF）行动倡议"、推动互联网名称和数字地址分配机构国际化改革……中国致力于与世界各国共同参与、共同协商、共同研究制定公正合理的全球互联网治理规则。

从联合国互联网治理论坛到信息社会世界峰会，从国际电信联盟到互联网名称和数字地址分配机构，中国政府及科研机构、科技企业、技术社群、智库等在国际重要平台积极发声，放大发展中国家声音，推进全球互联网治理规则朝着更加公正合理的方向演进。

产业发展，标准为先。

"伴随着经济全球化深入发展，标准化在便利经贸往来、支撑产业发展、促进科技进步、规范社会治理中的作用日益凸显。"2016 年，第 39 届国际标准化组织（ISO）大会在北京召开，这是中国时隔 17 年再次承办该大会。习近平总书记在贺信中强调："我们愿同世界各国一道，深化标准合作，加强交流互鉴，共同完善国际标准体系。"

为了改变在技术标准领域的落后局面，中国积极推动信息技术和安全领域的国际标准制定，为世界信息技术发展贡献中国智慧。从 1G 空白、2G 追随、3G 突破、4G 同步到 5G 领跑，中国的移动通信技术发展史正是中国参与国际标准制定的一个缩影。

此外，中国积极向国际电信联盟和第三代合作伙伴计划（3GPP）提交中国 5G 技术方案，主动参与引领建设国际法定数字货币标准，推动北斗二号、北斗三号进入 3GPP 标准体系，推动中国密码算法纳入相关国际标准……国际标准化组织的数据显示，在 2000 年前，中国制定的国际标准数量仅为 13 项；2001年至 2015 年，中国制定的国际标准达到 182 项；2015 年至 2020年，中国主持的国际标准数量超过了 800 项。20 多年来，中国在国际标准制定上的"跟随者"形象已悄然发生改变。

近年来，全球数据爆发增长、海量集聚，成为数字技术的关键要素、实现创新发展的重要资源、重塑生产生活方式的重要力量，事关各国安全与经济社会发展。

2020年9月，在"抓住数字机遇，共谋合作发展"国际研讨会高级别会议上，中国提出《全球数据安全倡议》，聚焦关键信息基础设施和个人信息保护、企业境外数据存储和调取、供应链安全等问题，呼吁各国加强全球数字治理、网络安全合作，共同促进数据安全，为维护全球数据和网络安全提出建设性解决方案。

这是首个由国家发起的数字安全领域全球性倡议，也是中国为维护全球数据安全作出的承诺，得到国际社会广泛响应。此后，中国相继与阿拉伯国家联盟、中亚五国签署《中阿数据安全合作倡议》《"中国＋中亚五国"数据安全合作倡议》……《全球数据安全倡议》开始生根发芽、落地见效，为全球数字治理注入发展中国家的智慧和力量。

针对日益猖獗的网络犯罪问题，习近平总书记在2015年第二届世界互联网大会上深刻指出："中国愿同各国一道，加强对话交流，有效管控分歧，推动制定各方普遍接受的网络空间国际规则，制定网络空间国际反恐公约，健全打击网络犯罪司法协助机制，共同维护网络空间和平安全。"

近年来，中国积极参与《联合国打击网络犯罪公约》谈判进程，与上海合作组织成员国共同向联合国大会提交"信息安全国际行为准则"，通过《金砖国家领导人厦门宣言》倡导共建和平安全的网络空间，与多国签署网络安全合作谅解备忘录……在全球网络安全领域，中国积极开展双边、多边国际交流合作，与国际社会一道共同应对网络安全面临的挑战，推动建立了一系列务实有效的国际互信对话机制。

——与世界各国共享互联网发展成果

当前，数字技术加速创新，数字经济与实体经济快速融合，成为全球经济发展的重要驱动力量。

2017年，外交部和国家互联网信息办公室共同发布《网络空间国际合作战略》，提出"促进数字经济合作"目标，并将"推动数字经济发展和数字红利普惠共享"作为行动计划之一。

同年12月，习近平总书记在致第四届世界互联网大会的贺信中释放出坚定信号："中国希望通过自己的努力，推动世界各国共同搭乘互联网和数字经济发展的快车。"2019年6月28日，习近平总书记在二十国集团（G20）领导人第十四次峰会上表明："作为数字经济大国，中国愿积极参与国际合作，保持市场开放，实现互利共赢。"

在致2021年世界互联网大会乌镇峰会贺信中，习近平总书记再次阐明中国的立场和态度："中国愿同世界各国一道，共同担起为人类谋进步的历史责任，激发数字经济活力，增强数字政府效能，优化数字社会环境，构建数字合作格局，筑牢数字安全屏障，让数字文明造福各国人民，推动构建人类命运共同体。"

心合意同，谋无不成。

作为数字经济大国，中国积极推动国家间数字经济领域更广范围、更深层次的合作，与世界共享数字经济发展红利。

2012年，中国同日本、韩国、澳大利亚、新西兰和东盟10国等十五方联合发起《区域全面经济伙伴关系协定》（RCEP），并积极推动RCEP在2020年签署。RCEP前瞻性地纳入跨境传输数据规则，为实现数据跨境流动破局、构建数据跨境流动规则体系提出了最新方案。

2016年9月4日下午3时30分，世界目光聚焦中国杭州。习近平总书记敲下木槌，宣布二十国集团领导人杭州峰会开幕。这是中国第一次主持全球经济治理的顶层设计会议，也是G20峰会第一次连续两年由新兴国家担任主席国。

在峰会上，"数字经济"成为一项重要议题，中国牵头制定和发布了由多国领导人共同签署的数字经济政策文件《二十国集团数字经济发展与合作倡议》，将数字经济国际标准的开发使用作为重要内容。这是全球首个数字经济合作倡议。自此，数字经济成为全球经贸合作的重点议题和重要领域。

明者因时而变，知者随事而制。

2020年初，新冠疫情暴发，数字经济成为世界各国应对疫情冲击、加快经济社会转型的重要引擎。这一年，中国向APEC

数字经济指导组提交了《运用数字技术助力新冠肺炎疫情防控和经济复苏倡议》和《优化数字营商环境激活市场主体活力》倡议文件，获得指导组一致通过。

2021年10月，十九届中共中央政治局就推动数字经济健康发展进行第三十四次集体学习。习近平总书记指出："积极参与数字经济国际合作。要密切观察、主动作为，主动参与国际组织数字经济议题谈判，开展双多边数字治理合作，维护和完善多边数字经济治理机制，及时提出中国方案，发出中国声音。"进一步为中国参与全球数字经济合作与治理指明了方向。

一个月后，中国申请加入《数字经济伙伴关系协定》（DEPA），并于2022年成立加入DEPA工作组，全面推进中国加入DEPA的谈判，标志着中国数字经济国际合作迈出了新的步伐。

一个个关键节点，一项项重要部署，在习近平总书记掌舵领航下，中国数字经济国际合作的目标更加坚定，方向更加清晰，举措更加有力。

在加快自身数字经济发展的过程中，中国积极对接融入全球数字经济合作框架，致力于推动缩小全球数字鸿沟，让互联网发展成果惠及各国人民。

在东南亚，中国互联网企业助力泰国打造东盟首家5G智慧医院，促进服务流程智能化转型；在拉丁美洲，中国与巴西、厄瓜多尔等国利用数字技术开展创新合作，助力亚马逊雨林生态系统以及海洋生态环境保护；在非洲，中国与国际电信联盟合作启动技术援助及培训项目，助力建设"数字乌干达"……中国行动一以贯之、步履坚定。

从数字基础设施建设、社会数字化转型，到5G、物联网等新技术应用，中国广泛开展数字领域国际合作，与世界共享时代发展机遇。

相知无远近，万里尚为邻。

2017年，首届"一带一路"国际合作高峰论坛在北京召开。习近平总书记指出："我们要坚持创新驱动发展，加强在数字经济、人工智能、纳米技术、量子计算机等前沿领域合作，推动大数据、云计算、智慧城市建设，连接成21世纪的数字丝绸之路。"在中国首倡主办的这一历史性盛会上，习近平总书记提出建设"数字丝绸之路"，为"一带一路"建设注入全新力量。

数年过去，"数字丝绸之路"建设已经落地生根、开花结果。从中国—东盟信息港建设全面提速，到中阿"网上丝绸之路"经济合作试验区启动建设；从与多国签署5G合作协议，到推进"丝路电商"；从推广普及移动支付，到提供北斗系统导航服务……中国在宽带信息基础设施、大数据、跨境电商、智慧城市等新兴产业领域广泛发力，为"一带一路"共建国家和地区提供了高质量的信息产品和技术服务，为沿线经济体的发展注入了不竭的中国数字动力。

中国与世界各国在网络空间广泛交流合作，与国际社会在网络空间共享创新成果。图为 2023 世界机器人大会、2023 世界人工智能大会、2023 世界 VR 产业大会　　　　　　　　　　　　图／视觉中国

以中国新发展为全球提供新机遇，携手共绘网络空间命运共同体新图景

世界又一次站在了历史的十字路口。

新冠疫情对全球发展造成严重冲击，联合国 2030 年可持续发展议程落实进程受阻，南北鸿沟继续拉大，粮食、能源安

全出现危机，人类发展指数 30 年来首次出现下降。个别国家将发展议题政治化、边缘化，搞"小院高墙"和极限制裁，人为制造分裂和对抗。同时，新一轮科技革命和产业变革给各国带来的机遇更加广阔，各国人民求和平、谋发展、促合作的愿望更加强烈，新兴市场国家和发展中国家团结自强的意志更加坚定。

"抓住新一轮科技革命和产业变革的历史性机遇，加速科技成果向现实生产力转化，打造开放、公平、公正、非歧视的科技发展环境，挖掘疫后经济增长新动能，携手实现跨越发展。"2021 年 9 月 21 日，习近平总书记在第七十六届联合国大会一般性辩论上提出全球发展倡议，推动发展问题回归国际核心议程。

全球发展倡议是继共建"一带一路"后中国提出的又一重大倡议，得到了国际社会的积极响应和广泛支持。2022 年 1 月，"全球发展倡议之友小组"在纽约联合国总部正式成立，目前已经有 60 个国家加入。100 多个国家和联合国等多个国际组织也表达了对全球发展倡议的积极支持。

"我们要推进科技和制度创新，加快技术转移和知识分享，推动现代产业发展，弥合数字鸿沟，加快低碳转型，推动实现更加强劲、绿色、健康的全球发展。"在 2022 年全球发展高层对话会中，习近平总书记着眼"发展"这个人类社会的永恒话题，为全球跨越发展鸿沟、重振发展事业注入信心和力量。

云散风清雨天后，景物无穷世界宽。

互联网正以新理念、新业态、新应用、新模式全面融入经济、政治、文化、社会、生态文明建设各领域和全过程，给人类生产生活带来广泛而深刻的影响。在这一进程中，数字文明蓬勃发展，网络空间空前活跃，人类命运从未如此紧密相连。

2022年7月，世界互联网大会国际组织在中国北京成立。"成立世界互联网大会国际组织，是顺应信息化时代发展潮流、深化网络空间国际交流合作的重要举措。希望世界互联网大会坚持高起点谋划、高标准建设、高水平推进，以对话交流促进共商，以务实合作推动共享，为全球互联网发展治理贡献智慧和力量。"习近平总书记发来贺信，为世界互联网大会国际组织未来发展提供了根本遵循、指明了前进方向。

世界互联网大会国际组织始于中国、属于世界。

在连续8年成功举办世界互联网大会的基础上，成立世界互联网大会国际组织，积极回应国际社会开展网络空间对话协商合作的呼声和期盼，必将广泛汇聚各方力量，进一步凝聚互联网发展治理的国际共识，推动构建更加公平合理、开放包容、安全稳定、富有生机活力的网络空间，让互联网更好造福世界各国人民。

一花独放不是春，百花齐放春满园。

互联网是人类共同的文明成果、共有的精神家园，网络空间未来应由世界各国共同开创。党的十八大以来，在以习近平同志为核心的党中央坚强领导下，中国深入开展网络空间国际交流合作，积极参与全球互联网治理，致力于把网络空间建设成造福全人类的发展共同体、安全共同体、责任共同体、利益共同体。面向未来，中国将与世界各国一道，用智慧之光照亮前行之路，广泛凝聚理念共识，不断激发创新活力，持续深化务实合作，携手构建网络空间命运共同体，共同创造人类更加美好的未来！

十、景物无穷世界宽

后　记

　　本书编写过程中，得到了中央有关部门和部分单位负责同志以及专家学者的大力支持。李君如、刘韵洁、倪光南、欧阳钟灿、沈昌祥、吴建平、吴澄、邬贺铨、尹浩、李岩、宏葵、艾戴、沈卫星、崔景贵、董媛媛、梅毅、赵建国等同志提出了宝贵意见。

编　者

2023 年 11 月